JN015626

1日1ページ
物理の教養
365

クリフォード・A・ピックオーバー=著

川村康文=監訳　山本常芳子=訳

NEWTON PRESS

Originally published in 2015 in the United States by Sterling Publishing Co., Inc.
under the title The Physics Devotional.

This edition has been published by arrangement with Sterling Publishing Co., Inc.
33 East 17th Street, New York, NY, USA 10003,
through Tuttle-Mori AGency, Inc., Tokyo.

1日1ページ
物理の教養
365

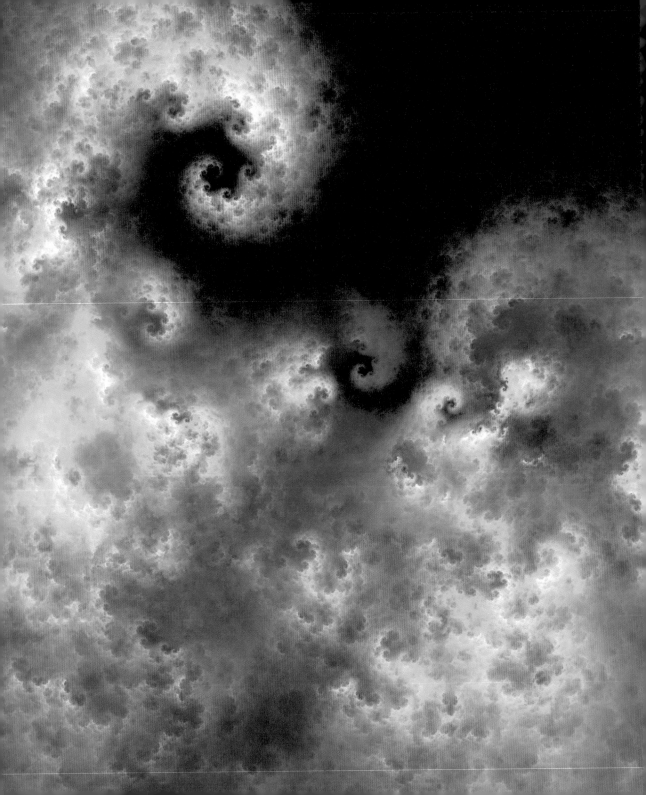

はじめに

法則の世界へ

　今日，物理学者たちの活動は広大無辺であり，自然の振る舞いや宇宙，現実の真の構造を理解するために，驚くほどさまざまなテーマや物理の尺度，基本法則を探究しています。また，多次元やパラレルワールド，時空の異なる領域をつなぐワームホールの存在の可能性について，飽くことなく考えをめぐらせています。彼らの発見は，しばしば新技術の誕生につながり，時に私たちの人生観や世界観まで変えることがあります。たとえば，ハイゼンベルクの不確定性原理は，多くの科学者にとって物理的な宇宙は文字通り，決定論的な前もって決められた形では存在せず，ただ確率の集まりとして考えられることを意味しています。その一方で，もちろん，物理学は非常に実用的にもなり得ます。電磁気への理解の深まりは，ラジオやテレビ，コンピューターの発明をもたらしました。同様に，熱力学への理解の深まりは，燃費効率のさらに高い自動車の誕生に貢献しています。

　本書をよく読んでいただければおわかりのように，物理学の正確な範囲は幾星霜を経ていまだ明確に定められることなく現在に至っており，そしてまた，そう簡単に限定できるものではありません。そこで，本書では視野をかなり広げて，工学や応用物理学に始まり，天体の性質の理解における進歩や，わずかながらかなり哲学的な内容にまで幅広く触れるテーマを含めました。物理学全体としての範囲は広大であるものの，そのなかの多くの分野には共通点があります。それは，科学者が自然界を理解し，実験や予測を手助けするために，数学的な手段にも大いに頼っているということです。

　上述からもおわかりになるように，本書でご紹介する名言が多種多様な出典によるものであることにお気づきいただけることと思います。名言の多くは著名な物理学者によるものですが，熱心な科学者や教育者をはじめ，ジョン・スタインベック，ダグラス・アダムズ，ラリー・ニーブン，ロバート・ハインライン，エドガー・アラン・ポーといった作家や，ヴィンセント・バン・ゴッホのような画家に至るまで，意図的に幅広い分野の出典から名言を引いています。

　また，かなり多くの名言が，自然の法則や神秘主義，さらには宗教についての物理学者たちの考えに関係していることにも気づかれることでしょう。数世紀前，多くの物理学者たちが自然の法則には神の意思が表れると考えていました。たとえば，歴史上最も影響力をもつ科学者の一人

であるイギリスの科学者アイザック・ニュートン（1642～1727）をはじめとする当時の科学者の多くは，宇宙の法則は論理的に行動する神の意思によって定められていると考えていました。アイルランドの自然哲学者ロバート・ボイル（1627～1691）は，非常に敬虔なキリスト教徒であり，聖書を愛読していました。神を理解したいと常に願い，その願望から彼は自然法則の発見に関心を寄せていました。

　また，本書にはニュートンに関する名言も数多く載せています。少しご紹介すると，パトリシア・ファラはその著『*Newton: The Making of Genius*』でニュートンについて次のように語っています。「ニュートンの生涯をほんの少し調べただけでも，近代の科学者という理想的なモデルというイメージには収まらない。……ギリシャ神話のイアソンの金羊毛，ピタゴラスの倍音，ソロモン神殿に関する専門家として知られるニュートンは，貨幣の製造や頭痛の治療法についても助言を求められていた。……自ら率いる研究室チームをもたず……そして一歩たりともイングランド東部を出ることはなかった」。また，ジョン・メイナード・ケインズは『*Essays in Biography: Newton, the Man*』のなかで「ニュートンは理性の時代の最初の人物ではなかった。彼は最後の魔術師であり，最後のバビロニア人かつシュメール人であり，1万年ほどにはならない昔に人類の知的遺産を築き始めた人々と同じ目で，可視的および知的世界を眺めた最後の偉大な人物であった」と述べています。

　これからご覧いただくページには，このほかにも，パラレルワールドや高次元の世界，ブラックホールやタイムトラベル（私自身が特に興味のある二つのテーマです），ひも理論，究極の実体の神秘的な性質など，物理学の辺縁にあって，物理学とサイエンス・フィクション（SF）の，フラクタル的な（物理学全体を細部に映し出す）境界に存在しうる，さまざまなテーマを含めています。量子力学もまた，本書内で一つの世界を垣間見せてくれますが，不思議なほどに直観に反するために空間や時間，情報，因果関係についての疑問を投げかけてきます。サイエンス・フィクションは科学のアイデアの源泉としても大いに役立ってきました。「現実にそうであること」と，「そうであるかもしれないこと」の境をテーマとしているからです。また同時に，変化との出合いを語る文学であることも確かです。私としては「辺縁の文学」と考えたいと思っています。そしてさらに，私たちの宇宙そのものが，解き明かすべき謎に満ちた——絶えず変化し進化し続ける——サイエンス・フィクションの宇宙と言えます。アイザック・アシモフ（1920～1992，アメリカ）は，サイエンス・フィクションとは，私たちが直面するさまざまな変化の本質を可能な解決策と共に一貫して考える，唯一の文学形態ではないかと提起しています。

　また，物理学と美の組み合わせもお楽しみいただけるように工夫を凝らしています。英知と詩趣（しゅ）を凝縮し，読者のみなさんが物理学という広い世界にさらに興味をもたれるきっかけとなってくれればと願っています。本書が将来再版されることを期待し，みなさんからのご意見や感想なども心待ちにしています。

　さて，本書は古くからの宗教的な意味合いでの「日々の教え」のようなものではありません。本書でご紹介する名言と画像をよくご覧いただくことによって，みなさんの心を驚きと感嘆で満たし，想像力を広げ美の湧き出る泉としてお役に立てればと願っています。たとえば通学前や通勤前，夜寝る前などに1日一つずつ名言を読むことで，日々の勉強や仕事がより大きな視野で捉えられるようになるかもしれません。理論物理学者のなかにはおそらく，聖職者や神学者のように「理想的な」，物質的ではない不変の真実を探し求め，その真実を現実の世界にあてはめようとする人々がいるでしょう。彼らは宇宙にあるパターンと秩序を理解しようとし，インスピレーションを強く求めています。

　物理学は科学のなかでも最も難しい分野の一つになり得ます。宇宙に関する物理学重視の説明は今後も永久に増え続ける一方であるのに，私たち人間の脳と言語能力は今ある状態から変化がありません。時と共に新たな種類の物理学が姿を現し，斬新な考え方や理解の仕方が必要となっています。一方，物理学の未来が何をもたらすのかは，だれにもわかりません。19世紀が幕を下ろそうとするころ，優れた物理学者ウィリアム・トムソン（ケルビン卿）は公の場で，物理学は終わりを迎えたと述べました。彼には，やがて量子力学と相対性理論が誕生し，物理学という学問を劇変させる未来が，まったく予見できなかったのでしょう。1930年代初め，物理学者アーネスト・ラザフォードが原子力エネルギーについて次のように述べています。「これらの原子の核変換がエネルギーの源になると期待する者がいるとすれば，それはたわごとを言っているにすぎない」。つまり，物理学におけるさまざまな概念や応用の未来を予測することは，たとえ不可能ではないにしても難しいことなのです。

　物理学において発見は，亜原子や超銀河の世界を探求する枠組みをもたらし，その概念は科学者が宇宙について予測することを可能にします。物理学は，哲学的な思索が科学の新発見に刺激を与えうる分野です。物理学における発見は人類の最も偉大な業績の一角をなしています。私にとって，物理学とは，思考の限界や宇宙の仕組み，そして私たちが故郷と呼ぶ広大な時空環境に，永く驚きを与え続ける土壌を育むものです。

物理学者小伝

　本書では，高名で偉大な物理学者の誕生日を取り上げています。巻末の小伝では，類まれなる彼らが探究してきた高度な分野の一端に触れることができます。それぞれがかかわりをもつ国々や，各人にまつわる，そして私が個人的に興味を惹かれたおもしろい事実についてもいくつかご紹介しています。

1月1日

だれもが日々，物理を利用して暮らしている。
鏡を見るとき，メガネをかけるとき，光学の原理を使い，
目覚ましの設定には時間を測定する物理を利用する。
地図をたどるときには，三次元の幾何学空間を移動する。
携帯電話をかけるとき，電磁波という目に見えない糸が，私たちと，
はるか頭上を周回する衛星とをつなぐ。だが，科学技術だけが物理ではない……。
私たちの身体のなかを流れる血液でさえも，物理の法則すなわち，
物理学の世界という科学に従って血管を流れているのだ。

ジョアン・ベイカー
50 PHYSICS IDEAS YOU REALLY NEED TO KNOW, 2007

1月2日

誕生日：ルドルフ・クラウジウス（1822年生まれ）

クラウジウスのエントロピー増大の法則とは，カジノのお金の
プラス方向の変動がマイナス方向の変動を常に上回るのと似ている。
カジノの儲けが損失よりも多いから常に利益が出る。
だからカジノは営業を続けることができる。
カジノ経営はプレイヤーのお金のうえに成り立っている。
つまり，プレイヤーが負け続けるからカジノは勝ち続けることができる。
だがプレイヤーが全財産を失ったとき，
つまりお金にプラスの変化が起こらなくなったとき，カジノは永遠に店じまいとなる。

マイケル・ギレン
FIVE EQUATIONS THAT CHANGED THE WORLD, 1995

1月3日

古くからの文化基準で見て，いわゆる高学歴とされる人々の集まりに，
幾度となく私は顔を出してきました。
科学者の学のなさが信じられないと勢い盛んに話す面々ら。
一度か二度，しゃくにさわって，私は尋ねました。
「このなかに熱力学の第二法則を説明できる人はどれくらいいらっしゃいますか？」
しかし，冷ややかな，しかも否定的な答えが返ってきました。
「シェイクスピアの作品をお読みになられたことがありますか？」という質問を
科学の言葉で尋ねてみただけなのですがね。

C・P・スノー
THE TWO CULTURES, レーデ講演にて, 1959

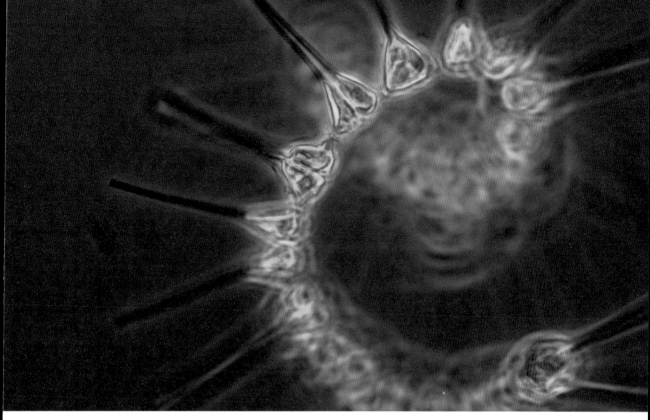

1月4日

人間は……知っていることも知り得ないことも……あらゆる現実と密接に関係している。
すべてのものは一つであり，一つがすべてである。プランクトンも，
海面にゆれる青白い光も，自転する惑星も，膨張する宇宙も，
すべては時間という名のしなやかな，容易に切れない糸でつながっている。
引き潮でできた潮だまりから，宇宙に輝く星へと思いを馳せ，
そして潮だまりまでのつながりをたどってみるといい。

ジョン・スタインベック
THE LOG FROM THE SEA OF CORTEZ, 1951

$$F_g = G \frac{m_1 m_2}{r^2}$$

1月5日

法則と理論の間には共存関係のようなものがある。
理論から導き出せる現象の数が多ければ多いほど，
その理論は高く評価され，説得力をもつ。
また，そうした現象を明らかにした法則が理論の一部とされれば，
法則はさらに重要な意味をもち，もっと役に立つようになる。
たとえばニュートンの万有引力の法則は，古代バビロニアの天文学者の時代以降
長らく経験則として知られていた月の動きを支配する法則を導き出すことができたから
名声を博したのだ。

アーノルド・アロンス
DEVELOPMENT OF CONCEPTS OF PHYSICS, 1965　から

1月6日

真実の姿とはいかなるものか。
宇宙という果てしなく広がる漆黒の海のなかに，
点在する無数の小さな泡を思い浮かべていただきたい。
そのうちいくつかの泡末は我々の手中にあります。
しかし泡ではない海水については，我々はまったくの無知なのです……。

ラリー・ニーブン，ジェリー・パーネル
THE MOTE IN GOD'S EYE, 1993

1月7日

すべての学問は現象について得た知識を基盤として成り立っているが
この知識の恩恵をわずかでも受けるためには
数学者であることが絶対条件である。

ダニエル・ベルヌーイ
LETTER TO JOHN BERNOULLI III , 1月7日付, 1763

1月8日

誕生日：スティーブン・ホーキング（1942年生まれ）

現代天文学の最大の謎，ブラックホール。
その名の通り，目には見えず，存在の立証は難しいことが証明されている。
にもかかわらず，多くの人々の想像をかき立て続けてきた。
ここまで人の心を捉え続ける天体はほかにはない。
ブラックホールはタイムマシンであり，別の宇宙への入り口でもある。

ジョゼフ・シルク
ジャン＝ピエール・ルミネ BLACK HOLES 前書, 1992

1月9日

私は渦巻そのものへの強い好奇心にとらわれていきました。
たとえわが身を犠牲にしてもあの渦の底を探ってみたいという願望が沸き起こるのを
はっきりと感じました。ただ最たる悲しみは，陸の上にいる昔なじみたちに
私がこれから目にする神秘を語ってやれることは決してないということでした。

エドガー・アラン・ポー
A DESCENT INTO THE MAELSTRÖM, 1841

1月10日

私たちと宇宙の間には時間という関係が存在する。
正確には，私たち人間は一つの時計をもっていて，一つのある「時間」を測っている。
動物や宇宙人の測り方はまた違うかもしれない。
いつか，その時の刻み方を変えられる日がきて，
今日という1日が100万年にもなるような，
かつて経験したことのない新しい世界が開けるかもしれない。

ジョージ・ゼブロウスキー
"TIME IS NOTHING BUT A CLOCK," OMNI, 1994

1月11日

宇宙はちっとも遠くない。
もし車がまっすぐ上に向かって走れるなら，
たった1時間でたどり着ける。

フレッド・ホイル
"SAYINGS OF THE WEEK," THE OBSERVER, 1979

1月12日

正しい理論とは，実験による検証が可能だと推測される理論である。
だが時として，理論を生み出した科学的直観があまりにも正確なために
関連する実験を行う以前からすでに説得力をもつものがある。
アインシュタインのときがそうだった——ほかの多くの物理学者も——
特殊相対性理論を真だと確信し続けていた……
数々の実験結果が理論と矛盾するように見えたときも。

リチャード・モリス
DISMANTLING THE UNIVERSE, 1984

1月13日

仮に自然の法則がチェスのルールのように有限だとしても，
科学は限りなく豊かな，やりがいのあるゲームだと言えないだろうか？

ジョン・ホーガン
"THE NEW CHALLENGES," SCIENTIFIC AMERICAN, 1992

1月14日

数学が物理学を支配することは危険が伴う。
数学的な完璧さを具現化するための思考の王国に誘われて，
物理的実在からかけ離れるか，無縁となる恐れさえあるからだ。
目がくらむような，この高みにあっても，
私たちはプラトンとイマヌエル・カントを悩ませた深遠な問いをよく考えなければならない。
実在とは何か？
私たちの心のなかにあって，数学公式で表されるものなのか，
あるいは心の外にあるものなのか？

サー・マイケル・アティヤ
"PULLING THE STRINGS," NATURE, 2005

1月15日

周知のように惑星の数は無限だ。
これは単に，惑星が収まる空間が無限にあるからだ。
だが，すべての惑星に人が住んでいるわけではない。
したがって，人の住む惑星の数は有限だ。
どんな有限の数も無限で割るとゼロに近づいてほとんど無視できる。
よって全惑星の平均人口はゼロだと言える。
このことから全宇宙の人口もゼロになるので，きみが時折見かける人間は，
錯乱が生み出した幻覚だということになる。

ダグラス・アダムズ
THE RESTAURANT AT THE END OF THE UNIVERSE, 1980

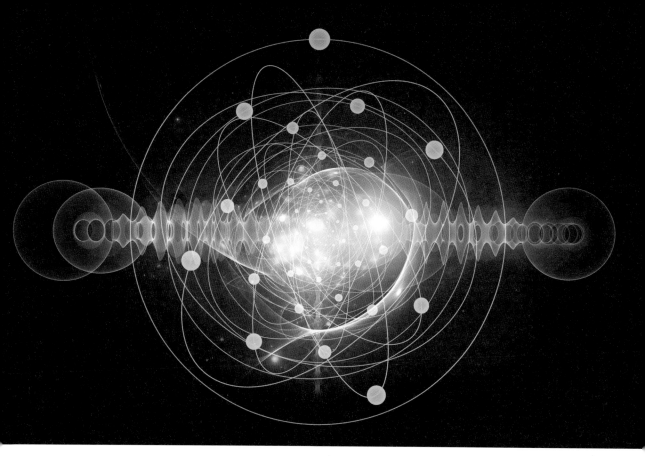

1月16日

いわゆる化学や生物学の分野において，なぜ原子が崩壊しないのか，
固体はどのようにして硬くなるのか，異なる原子同士がどうやって結合しているのか，
さまざまな疑問を説明するうえで，今や必要不可欠な役割を担う量子力学……。
そのめざましい功績は，実は一つの予期せぬ問題の発生に端を発する。
研究者たちが数学の世界からはみ出し，問題となった事態を明らかにしようとした当初
量子力学はまったく不要な存在に見えていた。

ポール・クインシー
"WHY QUANTUM MECHANICS IS NOT SO WEIRD AFTER ALL,"
SKEPTICAL INQUIRER, 2006

1月17日

ルネサンスの時代には……ヨーロッパのさまざまな文化が交流し，
自然観察に対する新しい考え方や認識が生まれ，人々の創造性を刺激した。
有名なところではイタリアはローマのアッカデーミア・デイ・リンチェイ，イギリス王立学会，
フランスの科学アカデミーなど，さまざまな科学アカデミーなる学術団体が創設され
また西ヨーロッパ各地で大学が創立され，科学の発展に寄与した……。

マウリツィオ・イアッカリーノ
"SCIENCE AND CULTURE," EMBO REPORTS, 2003

1月18日

科学とは人間と自然のかかわりを紡いだ物語の積み重ねである。

ジョゼフ・シュワルツ
THE CREATIVE MOMENT: HOW SCIENCE MADE ITSELF ALIEN TO MODERN CULTURE, 1992

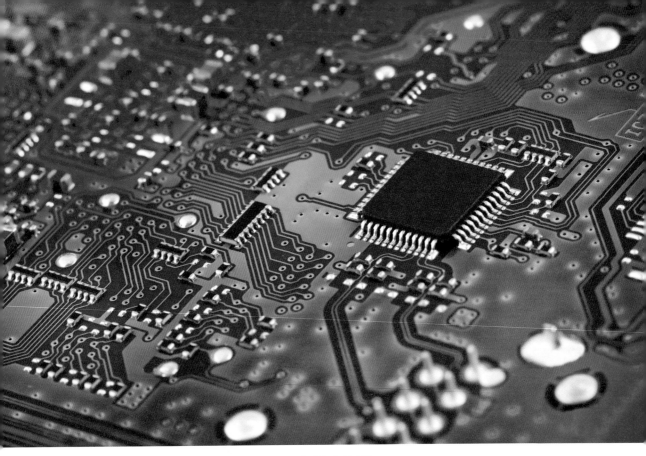

1月19日

物理学は，私たちの周囲，内部，そしてはるか遠くまで，
すべての世界を理解するのに必要不可欠な学問である。
そして最も基本的で基礎的な科学である。
相対性理論やひも理論のような概念で私たちの想像をかき立て，
コンピューターやレーザーなど，日々の暮らしを変える科学技術につながる
大発見をもたらす……宇宙万物の研究を包含し，
その対象は巨大な銀河から極小の亜原子粒子までに及ぶ。
さらにこの学問は，化学や海洋学，地震学，天文学……
そのほか数多くの科学分野の礎ともなっている……。

アメリカ物理学会
"WHY STUDY PHYSICS?," WWW.APS.ORG

1月20日

誕生日：アンドレ・マリー・アンペール（1775年生まれ）

19世紀の人物で，アンドレ・マリー・アンペールほど興味深い人物はそういない。
その功績によって電気力学なる分野の創始者として語られるのは当然のことである。
幼少期から才能にあふれた彼は，関心の対象を可能な限り広げた若者に成長する……。
彼の磁気と電流の関係の発見について，ドミニク・アラゴは次のように語っている。
「物理学というこの広大な分野を見回しても，着想から検証，確認までの期間が
そんなに短く，これほどすばらしい発見はほかにないであろう」。

マイケル・オライリー，ジェームズ・ウォルシュ
MAKERS OF ELECTRICITY, 1909

1月21日

はるか昔，名状しがたいほどに不確かな状態から進化をし続け，宇宙は今の姿となった。
いずれ，あの果てしなく続く寒さも耐えられないほどの暑さも消失する日を迎える。
理解できそうであればあるほど，宇宙はいっそう無意味なようにも思われる……。
宇宙を知ろうとする努力は，人類の暮らしを茶番劇より少しばかり高尚なものに引き上げ
悲劇の優美さをほのかに添える，極めて数少ない行為の一つである。

スティーブン・ワインバーグ
THE FIRST THREE MINUTES, 1977

1月22日

量子の世界に関していうと，我々は実はかなり特殊な領域に入り込みつつある
……観察される事象についてなされる多くの解説はどれもみな有効に思えるし，
また，その内容がそれぞれに驚くほど奇妙であるために，
エイリアンが人間を誘拐したと聞いてもまったく違和感を覚えないのだ。

ジム・アル＝カリーリ
QUANTUM: A GUIDE FOR THE PERPLEXED, 2004

1月23日

アイスキュロスが忘れ去られても，アルキメデスは人々の記憶に残るだろう。
言葉はいずれ消えゆくが，数学の概念は生き続ける。
「不滅」とは愚かな言葉かもしれないが，
その意味しうるところとなる可能性が最も高いのは，おそらく数学者である。

G・H・ハーディ
A MATHEMATICIAN'S APOLOGY, 1941

1月24日

科学は進歩する，ただその足取りはゆるゆると，たどたどしい。
だが科学の尽きせぬ魅力はそこにあるのではないか。
究極の真理がそうやすやすとわかってしまったら，
人は瞬く間に飽きてしまうのではなかろうか。

カール・フォン・フリッシュ
A BIOLOGIST REMEMBERS, 1967

1月25日

誕生日：ロバート・ボイル（1627年生まれ）

英語で「the law of nature」（自然の法則）なる語が使われ始めたのは……
17世紀からとそう遠くない昔で，系統だった科学が飛躍的に発展し始めたころだった。
Oxford English Dictionary で確認したところでは，
この語の最初の使用は1665年までさかのぼり，
一例は *the Philosophical Transactions of the Royal Society** で，
もう一例は科学者ボイルによる。
どちらも，宇宙は神の命令によって定められ作用し続けると述べている……
デカルトは彼の著『哲学原理』で……これを自然のある規則あるいは法則と呼んだ。

マイケル・フレイン
THE HUMAN TOUCH, 2007

* *the Philosophical Transactions of the Royal Society*：現存する世界最古の科学雑誌

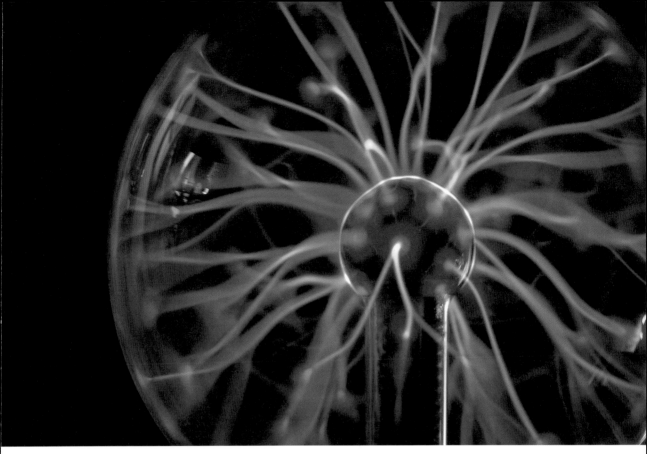

1月26日

石と会話をする術（すべ）を物理学と言う。
会話のなかの質疑応答の時間を実験と言う。
話すのはたいてい，大きさや温度のこと，密度や運動，因果関係，
そして物理的な空間や時間の特性のことである。
これを数学という言語で伝え合う。

ジュリアス・トーマス・フレイザー
TIME, THE FAMILIAR STRANGER, 1987

1月27日

数理物理学は，自然観が人間の心につくり出しうる最も純粋な姿を描き出す。
その姿は自然が生み出す芸術的創造物のあらゆる特徴を呈している。
なんらかの統一性があり，真の姿であり，荘厳的な性質も併せもつ。
この姿と物理的本質との関係は，
音楽と空中に充満する何千もの騒音との関係にたとえられる。

テオフィル・ド・ドンデ
（イリヤ・プリゴジン，NOBEL PRIZE LECTURE, 1977　から）

1月28日

現代物理学のすき間をぬって探求される超光速通信機は，
19世紀に探求された永久機関*と似た存在にたとえられている。
永久機関がどうやっても実現し得ない理由を解き明かそうとするなかで，
物理学者たちは熱力学の第一法則と第二法則の定式化にたどり着いた。
すべての物理系で有効なエネルギーの質と量をつかさどる二つの法則である。
同様に，現代において，なぜ超光速通信の構想が成立しないのかの理由を
探し求めれば，高速通信が実現できないことを示す
一般的な法則にもたどり着けるかもしれない。

ニック・ハーバート
FASTER THAN LIGHT, 1988

* 永久機関：外部からエネルギーを受けることなく，永久に仕事をし続ける機械または装置のこと。実現不可能であることが19世紀に確認されている。

1月29日

誕生日：モハマド・アブドゥッ・サラーム（1926年生まれ）

「理論物理学者になる利点」はヤキール・アハラノフが語っている。
「思考実験にはお金の心配は一切しなくてすむということだ」

デビッド・フリードマン
"TIME TRAVEL REDUX," DISCOVER, 1992

1月30日

こんな世界を想像してみるといい。
因果関係が時の流れの先から後へ続く一貫した時の秩序とは関係がない世界を。
そこでは過去と未来が不可逆的に分かれておらず，同じ「現在」という時間に共存し，
数年前のかつての自分と出会って話しかけることもできる。
だが経験的事実から見て，我々の世界はそんな世界ではないようだ……
時間の秩序が宇宙の因果の秩序を映し出している。

ハンス・ライヘンバッハ
THE RISE OF SCIENTIFIC PHILOSOPHY, 1951

1月31日

人類の歴史を通じて，初めて太陽系の探査を行う時代は
後にも先にも一つしかない。
その時代には，
子どものころは，夜空を移動するはるか彼方の漠然とした光る点であった惑星が，
年をとる間に，れっきとした場所となり，
探査の途上にある多種多様な新世界となるだろう。

カール・セーガン
THE COSMIC CONNECTION, 1973

2月1日

物理学はそれがいかなるものであれ，必ずしも現実を扱っているわけではない。
むしろ，経験の一般的な根拠を説明するために一連の矛盾のない関係性を
つくり出したにすぎない……基本的に質量や電荷，空間，時間という一組の定義に基づき
数学の法則を発展させてきた。私たちはこれらの値がいくらかはよく知らないが，
特定の不変の性質をもつと定義し，
これを柱石として知識の体系を築いてきたのである。

ウィリアム・A・ティラー
イツァク・ベントフ　STALKING THE WILD PENDULUM 序章, 1976　から

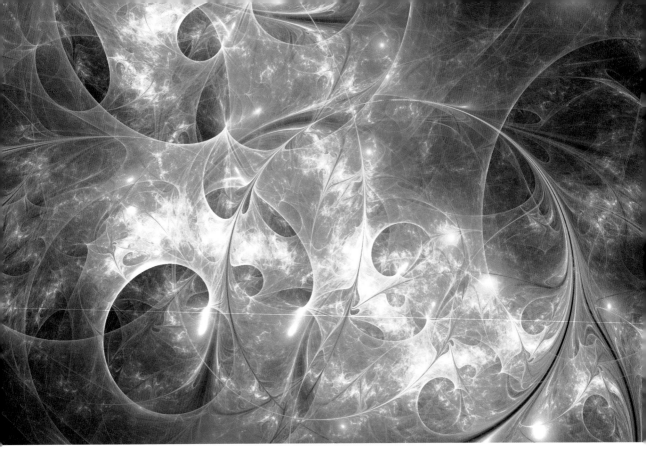

2月2日

ニュートンは引力を発見し，産業革命の発動を手助けした。
ファラデーは電気と磁気の関係を発見し，電気の時代を始動させた。
アインシュタインは $E = mc^2$ を書き記し，核の時代の扉を解き放った。
そして今まさに，すべての力を統一する一つの理論が確立されようとしている。
この理論がいつか人類の運命を決めるのかもしれない。

ミチオ・カク
"BBC INTERVIEW ON PARALLEL UNIVERSES," WWW.BBC.CO.UK, 2002

2月3日

私たちはまるで一大陸の探検者のようだ。
コンパス上のほぼすべての地点の辺縁を網羅し，
主だった山々や河川の位置を特定した。
補うべき詳細はまだ限りなくあるが，果てしなく続く地平線はもうどこにもない。

H・ベントレー・グラス
IN A SPEECH TO THE AMERICAN ASSOCIATION FOR THE ADVANCEMENT OF SCIENCE, 1970

2月4日

よい理論が究極の真理を伝えるとは限らない。
原子のなかに，ぶつかり合う小さな硬い素粒子が「実在する」とほのめかしているわけでもない。
この研究に真理があるとすれば，それは数学のなかにある。
素粒子の概念は，人間がこの数学法則を理解するのを支える松葉杖にすぎない。

ジョン・グリビン
THE SEARCH OF SUPERSTRINGS, SYMMETRY, AND THE THEORY OF EVERYTHING, 2000

2月5日

わが魂は闇に消えゆくとも，真の光のなかに姿を現すだろう。
星への愛に満ちあふれ，夜の闇も怖るるに足らぬ。

サラ・ウィリアムズ
"THE OLD ASTRONOMER TO HIS PUPIL," 1868

2月6日

私は実証主義的立場をとる。
物理理論は単なる数学モデルにすぎず，
現実に一致するかどうかを問うのは無意味だと考えるのだ。
求めることができるのは ── 予測は観測と一致するはずだ ── ということだけである。
私は現実がどうかを知らないので，理論が現実と一致することは要求しない。
……興味があるのは，理論が測定結果を予測し得るかどうかだけだ。

スティーブン・ホーキング
THE NATURE OF SPACE AND TIME, 1996

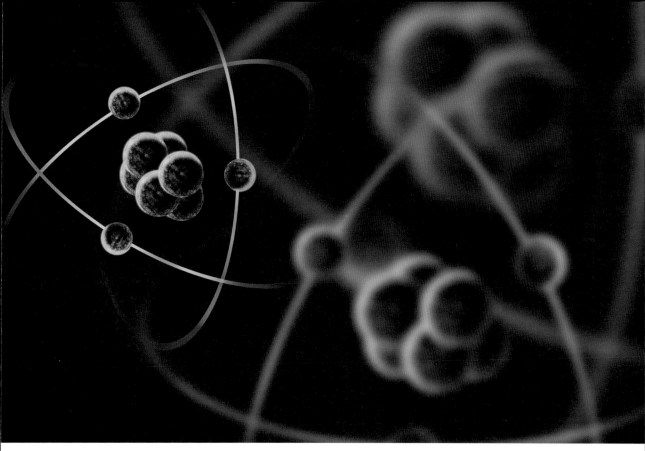

2月7日

のちにノーベル物理学賞を受賞するマックス・ボルンが……1928年，
ゲッティンゲン大学を訪れた一部の人々に対し，自慢げにこう語っている。
「ご存知の通り，物理学はあと6カ月で終わりを迎えるだろう」
すなわち，現代の宇宙論が一つにまとまり，
万物はいかなる疑問も解決する包含的な一つの系に収まると確信できたということだ。

エドマンド・E・ジャコビッティ
COMPOSING USEFUL PASTS, 2000

2月8日

誕生日：ダニエル・ベルヌーイ（1700年生まれ）

工学の本質は，その活用や役立つ範囲の拡大を目指して，自然に生じる，
時に捉えがたい影響を取り上げ，これを制御することである。
……たとえばベルヌーイの定理が示す
「曲面に沿って勢いよく流れる空気の圧力は，
平面に沿って流れる場合よりもわずかに小さくなる」という不思議な性質が注目され，
詳しく研究されることによって，
航空工学という偉大な分野が生まれた歴史を考えてみよう。

レイ・カーツワイル
（ジョン・ブロックマン　WHAT WE BELIEVE BUT CANNOT PROVE, 2006　から）

2月9日

人はみな時の旅人であり，人類の歴史を悲劇の物語にまで高める，
宇宙の哀しみは，確かに生じている。
私たち人類が，唯一の方向 ── 未来 ── に向かってのみしか
旅ができないよう定められているように見えるからである。

ローレンス・M・クラウス
THE PHYSICS OF STAR TREK, 2007

2月10日

力学分野の研究が成功していると公言できる一つの判断基準は，
単純な法則が……実際に存在すると発見できたかどうかである。
発見できれば，発見できたという事実が古典力学の法則を「信じる」根本的な理由になる。
もし力の法則が非常に複雑であることが以前からわかっていれば，今のように，
大自然の営みにかなりの洞察を得られたという感慨を抱かなかったのではないだろうか。

デビッド・ハリデイ，ロバート・レスニック
PHYSICS*, 1966

2月11日

誕生日：ジョサイア・ウィラード・ギブズ（1839年生まれ）

現実は必ずしも，私たちの予想通りには振る舞わない。
それだから，H・P・ラヴクラフトはナイアーラソテップという名のカオスを語り，
スティーブン・ホーキングはブラックホールの理論を説き，
ブノワ・マンデルブロはフラクタル幾何学を生み出し，
アルベルト・アインシュタインは「つまるところ，現在の物理学は
局所現象のような存在でしかないのかもしれない」と主張したのである。

ユージーン・R・スチュワート
"SHADES OF MEANING: SCIENCE FICTION AS A NEW METRIC," SKEPTICAL INQUIRER, 1996

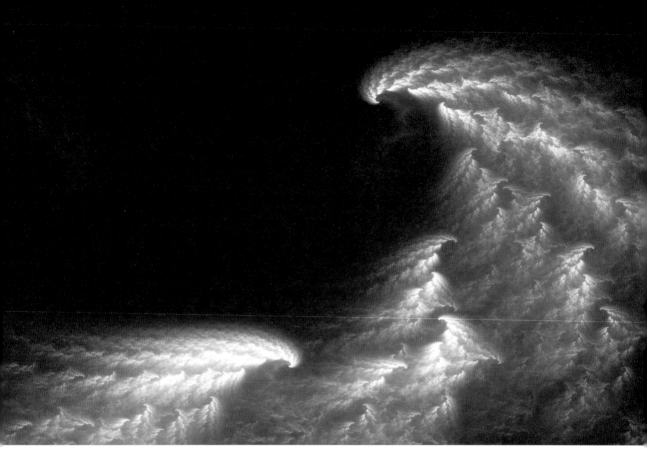

2月12日

おそらく主の天使が，果てしないカオスの海を見渡し，指でそっと波立たせたのだ。
その場限りの一連の方程式が，この宇宙に形を与えたのである。

マーティン・ガードナー
"ORDER AND SURPRISE," PHILOSOPHY OF SCIENCE, 1950

2月13日

ぼくは今，縦，横，高さのような，第四の空間次元について頭をめぐらせている。
材料の経済性や配置の利便性を考えれば，これに勝るものはないだろう。
土地面積の節約になるのはもちろんのこと，
一部屋の家が建つ敷地に8部屋の家が建てられるのだ。

ロバート・ハインライン
"AND HE BUILT A CROOKED HOUSE," 1940

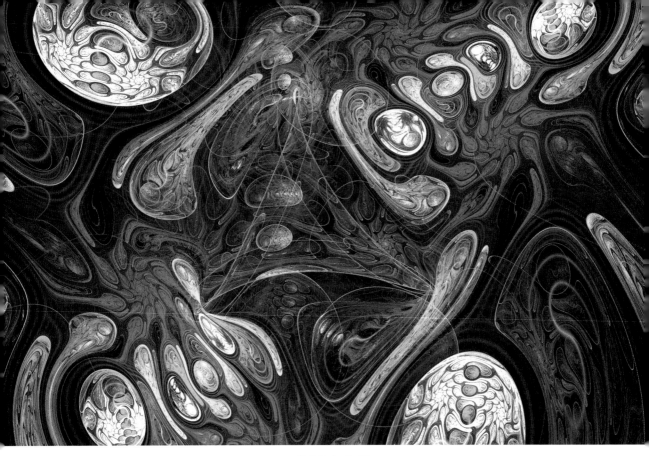

2月14日

物理的実体を表すぼくたちの数学モデルは,
完全には程遠いとはいえ, 実体を極めて精密にモデル化する方法だ。
数学抜きのどんな説明よりもはるかに精密に。

ロジャー・ペンローズ
"WHAT IS REALITY ?" NEW SCIENTIST, 2006

2月15日
誕生日：ガリレオ・ガリレイ（1564年生まれ）

私たちは忘れない。その当時最も偉大な科学者であったガリレオが，
審問で拷問と死の脅しを受けて強制的にひざまずかせられ，地球が太陽の周りを回るとする
自身の考えをやむなく撤回させられ，その後，冷酷な狂信者たちの手によって
自宅軟禁の身となり生涯を閉じたことを。
彼が研究に励んだ時代は，知識人はみなカトリック教会に支配され，
教会は，星々の本質についてあれこれ推測したというだけの理由で
学者たちを生きたまま火あぶりの刑に処すことを平然と行っていた。
審問から350年後（1992年），異端の徒としたガリレオの無実を認めたのもまさに教会である。

サム・ハリス
"THE LANGUAGE OF IGNORANCE," TRUTHDIG, 2006

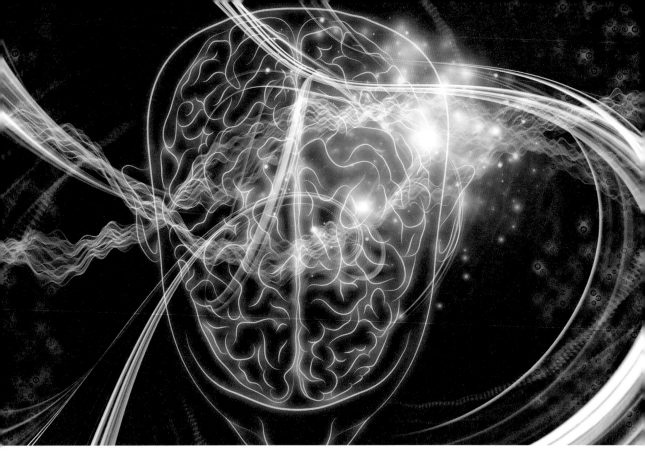

2月16日

自然の法則の最も基本的な部分が人知で理解できる範囲に収まるべき理由はなく
……また，こうした法則がもたらす結果が（生命を育む惑星にとって）
適度なエネルギーや温度で検証できるものであるべき理由もない……。
実体の本質……をより深く掘り下げるほどに，
すべてを知り得ない奥深い結果の発見が期待できる。
最終的に，そうした数々の結果全体が，人類が知りうる一連の事がら以上に
精密に宇宙の特徴を表すことも発見できるかもしれない。

ジョン・バロウ
BOUNDARIES AND BARRIERS, 1996

2月17日

私は星が好きだ。永遠にそこにあるように錯覚させられる。
本当はいつも星は，刹那に光っては崩れ，消え続けているのに。
でもこの惑星では違う……私は，すべては永続すると見せかけることができる。
生命は一瞬よりも長く続くんだってね。
神は現れては去る。死を定めとする者は束の間，光り瞬き，やがて消えゆく。
どの世界も永続しない。
星や銀河の命ははかなく，蛍のようにちらちらと瞬き，寒さや塵と化して消える。
だが私は，永遠が存在すると見せかけることができる。

ニール・ゲイマン
THE SANDMAN #48: "BRIEF LIVES 8, JOURNEY'S END," 1993

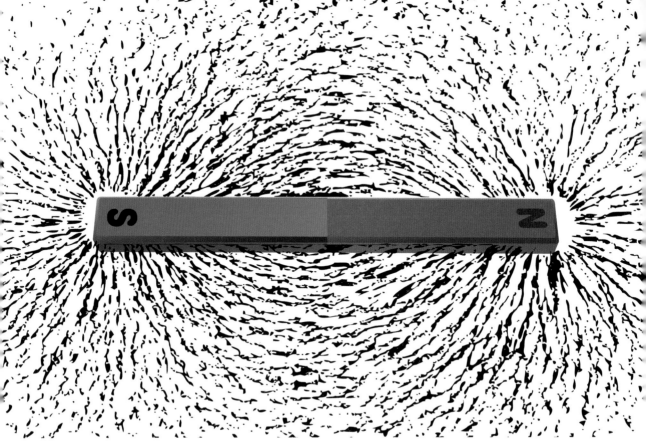

2月18日

誕生日：アレッサンドロ・ボルタ（1745年生まれ），エルンスト・マッハ（1838年生まれ）

アイザック・ニュートンは，惑星の宇宙間の移動と，地面に向かって落ちるリンゴ，
どちらにも当てはまる運動の法則を発見し，
天と地の物理学は一つであることを明らかにした。
その200年後，マイケル・ファラデーとジェームズ・クラーク・マクスウェルは
電流が磁場を生じ，磁石が動くと電流が生じることを示し，
この二つの力は，まるでギリシャ神話のミダス王の黄金の手と
黄金のように密接に結びついているという理論を確立した。

ブライアン・グリーン
"THE UNIVERSE ON A STRING," NEW YORK TIMES, 2006

2月19日

誕生日：ニコラウス・コペルニクス（1473年生まれ）

ガリレオは，コペルニクスの地動説という，当時斬新かつ衝撃的に見えた宇宙観を擁護した。
それまでコペルニクスの名前すら耳にしたことのなかった多くの聖職者たちは，
このとき，この人物が不穏な説を生み出したことを知った。
あるイタリア人司教はコペルニクスの投獄を求めたが，
すでに70年前に死んでいることを知り驚いた。

ジェームズ・C・デービス
THE HUMAN STORY, 2004

2月20日
誕生日：ルートビッヒ・ボルツマン（1844年生まれ）

　　驚くべきことに，エントロピーが生成されるこの過程は，万物共通である。
ロウソクの火が燃えるとき，太陽が照るとき，人々の胃が昼に食べたものを消化するとき，
エントロピーは発生する。すべての事例において，無秩序に向かって止めることのできない
不可逆的な流れが存在し，世界における情報の総量を増加させている。

コーリー・S・パウエル
"WELCOME TO THE MACHINE," NEW YORK TIMES, 2006

2月21日

1790年から現在までを時間軸に沿って
自分の目でもって行きつ戻りつたどることは可能だが，
……人間の時間のなかでそんな離れ業は不可能だ。
相対性理論では，ミンコフスキー時空として知られる。
奇しくも時間と空間が融合する次元では，
空間次元が時間次元を支配しているようであり，
時空構造全体が動かない多様体として時間の外部に存在する。

フィリップ・J・デービス，ルーベン・ハーシュ
DESCARTES' DREAM, 1986

2月22日

誕生日：ハインリヒ・ヘルツ（1857年生まれ）

器具を使うと感覚が広がり，精度と信頼度が増す。
物理学者ロバート・フックは「感覚の弱い部分に器具を用いるのは
自然の器官に人工器官を加えるようなものだ」と述べている。
また同氏は顕微鏡や望遠鏡といった，わかりやすい例に加えて，
たとえば磁気関連の器具が，感覚ではじかに捉えられない現象の
調査に使用されていることについても言及している。

ジム・ベネット
"ROBERT HOOKE AS MECHANIC AND NATURAL PHILOSOPHER,"
NOTES AND RECORDS OF THE ROYAL SOCIETY OF LONDON, 1980

2月23日

ゲーデルは純粋数学の世界が不滅であることを証明した。
どんな公理や法則の有限集合も，数学全体を包含できない。
公理の有限集合があるとして，その公理から証明できない数学的命題が存在するのだ。
私は物理学にも同じことが当てはまればと思う。
私の予想が正しければ，物理学と天文学の世界もやはり不滅だ。
未来をどこまで進んでも，新しい出来事，新たな情報，探求すべき新世界，
生命，意識，記憶の絶えず広がりゆく領域が，現れ続けるだろう。

フリーマン・J・ダイソン
"TIME WITHOUT END: PHYSICS AND BIOLOGY IN AN OPEN UNIVERSE,"
REVIEWS OF MODERN PHYSICS, 1979

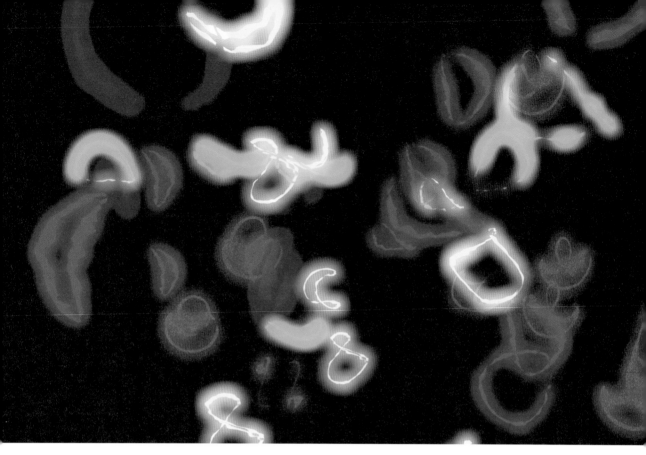

2月24日

1970年代初め，ひも理論の先駆者の一人，
イタリア人物理学者ダニエレ・アマティがこの理論を
「20世紀に偶然生まれ落ちた21世紀物理学の一つ」と称した。
つまり，ひも理論が偶然に考え出され，
物理学者たちはその背後にあるものがよくわからないまま，
あれこれ研究する過程で展開されてきたことを言っているのだ。

エドワード・ウィッテン
"CAN SCIENTISTS' 'THEORY OF EVERYTHING' REALLY EXPLAIN
ALL THE WEIRDNESS THE UNIVERSE DISPLAYS?," ASTRONOMY, 2002

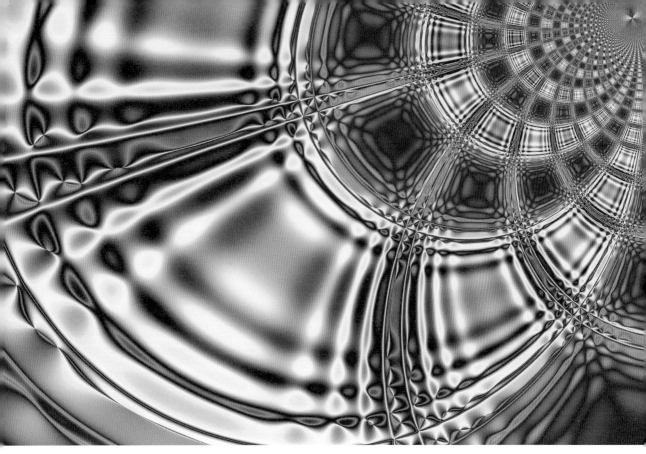

2月25日

究極に小さな存在と，究極に大きな存在が，ついに出合う。巨環の結び目のように。
私は，どうにかすれば手に取れるのかと，空を見上げた。宇宙，無数の世界，
夜に拡がる神の銀のタペストリー。その瞬間，無限の謎に対する答えを知った。
私は人間の限られた次元で考えていた。私は自然について考えた。
存在は人間の概念のなかで始まって終わり，自然のなかのことではない。
私の体は減少し，溶けて，なくなる。私の恐怖もなくなる。そして受け入れる。
創造の圧倒的な荘厳さには何か意味があったはずだ。
であれば，最も小さなものよりさらに小さい私にも。
神にゼロは存在しない。でも，私はまだ存在している！

スコット・キャリー
CHARACTER IN THE MOVIE THE INCREDIBLE SHRINKING MAN, 1957

2月26日

1676年，アイザック・ニュートンは自身の業績の説明にわかりやすいたとえを使った。
「もし私がより遠くを眺められたとすれば，それは巨人たちの肩に乗ったからである」
と書き残している。これはニュートンが考えた比喩ではないが，このたとえを通して
彼は，現在も一般的となっている科学の進歩に対する考え方を改めて強調しているのだ。
我々は極めて偉大な先達の目を通して，世界を学んでいるのだということを。

ピーター・ディザイクス
"TWILIGHT OF THE IDOLS," NEW YORK TIMES BOOK REVIEW, 2006

2月27日

科学者は「法則」という言葉を使うことに驚くほど無頓着である……ならば，
たとえば1000回検証できたものを「結果」と呼び，
100万回検証できたものを「原則」とし，
1000万回検証できたものを「法則」と呼ぶようにすればよいのだろうが，
現実はそんなふうにはいかない。
これらの語の使い方は，すべからく歴史的先例を範とし，
科学者が何か特定の知見にどれだけ確信があっても，まったく関係がないのだ。

ジェームス・S・トレフィル
THE NATURE OF SCIENCE, 2003

2月28日

物質的世界は数学的原理によって創造されたと言われており，
キリスト教徒は数学的原理が永遠に神と共にあることを知っている。
幾何学は神に天地創造のモデルを与えた。
幾何学は，神の想像を通じて人の内面に伝わったものであり，
決して，人の目を通して受容されたものではない。

ヨハネス・ケプラー
JOHANNES KEPLER, HARMONICES MUNDI (THE HARMONY OF THE WORLD), 1619

2月29日

天の川銀河の別の渦状腕*や別の銀河からではなく，別の宇宙から来た地球外生命体によって
地球が乗っ取られ，つくり変えられているようであった。
その宇宙の自然の法則は，地球上の法則とは根本から違っていた。
アインシュタインの法則に従って営まれる人類の現実世界と，
略奪者の対極的な現実世界がせめぎ合い，調和する。
ここアインシュタイン交点では，生じうるあらゆる新世界のなかで
今や，すべてのことが可能に見えた。

ディーン・クーンツ
THE TAKING, 2004

* 渦状腕：渦巻銀河がもつ渦状の構造のこと。渦状腕には暗黒星雲が存在しており，渦巻銀河の主要な星生成の場となっている。

3月1日

「希望のもてない」テーマの研究に励む科学者が見せる
好奇心の強い姿勢は興味深い。
まず思い浮かぶイメージとは裏腹に，
彼らはみな，抑えられないほどの楽観主義で活気にあふれている。
理由は単純だ。
さほど楽観主義でない者は，ただその場を去り別の職種に就く。
ただ残れるは楽観主義者のみ。

フランシス・クリック
WHAT MAD PURSUIT, 1988

3月2日

輝く星よ，私は汝のようにじっと立つ，
夜空に瞬く孤高の輝きにはおらぬ
見守らん，永遠の瞼を開いて，
自然の我慢強い，眠らぬ隠者のごとく，
大地の人々の岸辺を絶え間なく浄める
司祭のごとき業にて打ち寄する波を，
また見つめるは，山々や沼地を覆う
今また淡く降り積む白雪を。

ジョン・キーツ
"BRIGHT STAR, WOULD I WERE STEADFAST," 1838

3月3日

近年の観測と実験は，宇宙が単純であることを示唆している。
物質とエネルギーの分布は極めて均一である。
銀河団から素粒子に至る複雑なつくりの階層の世界は，
すべてが単純な対称性でつながる数十の構成元素と，
ごくわずかな数の力によって説明できる。
単純な宇宙は単純な説明で事足りる。

ポール・J・スタインハート
（ジョン・ブロックマン WHAT WE BELIEVE BUT CANNOT PROVE, 2006　から）

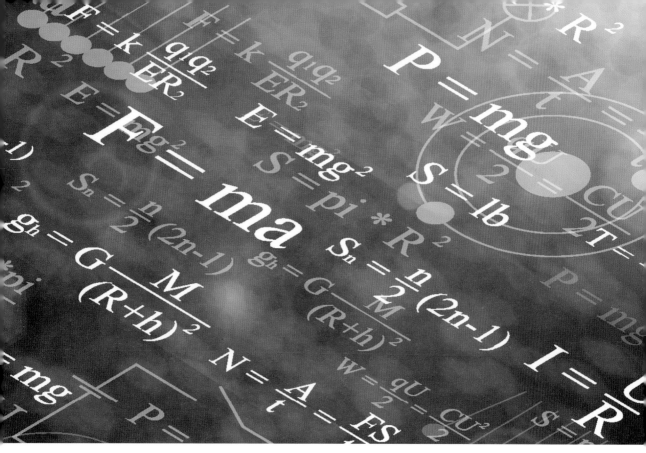

3月4日

2056年には，宇宙に関する統一された物理法則を表す方程式が
プリントされたＴシャツを買えるだろう。
これらの方程式からは，現在まで我々が発見してきたすべての法則が
導き出せるだろう。

マックス・テグマーク
"MAX TEGMARK FORECASTS THE FUTURE," NEW SCIENTIST, 2006

3月5日

その昔，すべての科学者が社会の逸脱者だった時代があった。
独立してあるいは裕福な後援者の支援を受けて，彼らは自作の研究室で
過激な考えの研究に取り組んだが，疑問に答えるのは自分しかいなかった。
ニコラウス・コペルニクスからチャールズ・ダーウィンまで，その業績はあまりに
輝かしく，彼らがいなければ現代科学はどのようになっていたか想像するのは難しい。
今となっては，人に理解されなかった彼らの孤立無援の研究方法は，
コンセンサスと査読を最たる中心とする近代科学とは対極のように思える。

"IT PAYS TO KEEP A LITTLE CRAZINESS," EDITORIAL, NEW SCIENTIST, 2006

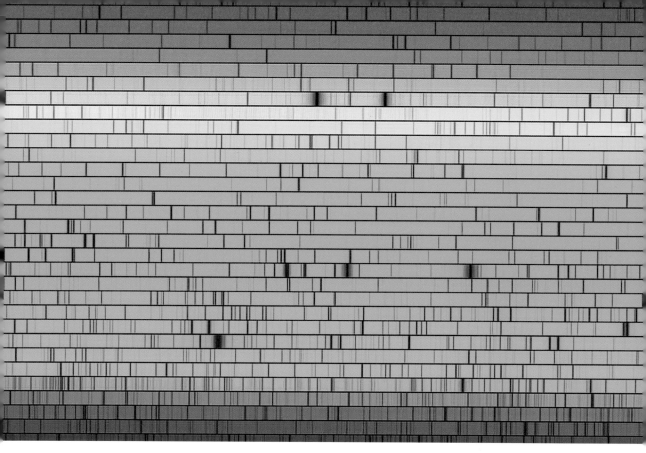

3月6日
誕生日：ヨーゼフ・フォン・フラウンホーファー（1787年生まれ）

これまでに紹介できていればよかったのだが，スペクトル分析は，
地球上の物質に含まれる特定の元素のごくわずかな痕跡を発見するための
非常に簡単な手法をもたらした。
また，地球の，そして太陽系までもの限界をはるかに超える，
これまで完全に閉ざされていた領域を化学研究に開け放した。輝くガスの分析も十分
行えるこの分析法なら，太陽や恒星を取り巻く大気にも容易に応用できるはずだ。

グスタフ・キルヒホフ，ロベルト・ブンゼン
"CHEMICAL ANALYSIS BY OBSERVATION OF SPECTRA,"
ANNALEN DER PHYSIK UND DER CHEMIE (ANNALS OF PHYSICS AND CHEMISTRY), 1860

3月7日

第一に，ニュートンの万有引力の法則は数式で表されています……。
第二に，厳密ではありません。
アインシュタインはこれを修正しなくてはなりませんでした……。
諸法則は常に神秘との端境にあって，いつももう少しだけ微調整を必要とします。
ですが，最も印象的な事実は重力が単純だということです……。
単純で，それゆえに美しいのです……。最後に強調したいのは，
重力の法則が普遍的であり，それが途方もない遠距離にもはたらくということです……。

リチャード・ファインマン
THE CHARACTER OF PHYSICAL LAW, 1965

3月8日

もしタイムトラベルが可能なら，叶えられない願望などあるのだろうか？
過去の財宝は，短機関銃で脅す人の手に集められ，
クレオパトラとトロイのヘレンは，トランクいっぱいの現代の化粧品の賄賂を受ければ
だれかと寝床を共にしてしまうかもしれない。

ラリー・ニーブン
"THE THEORY AND PRACTICE OF TIME TRAVEL," (ALL THE MYRIAD WAYS, 1971　から)

3月9日

7世紀から15世紀にかけて学者の先導的立場にあったのはイスラム教徒であり，
彼らはギリシャやインド，ペルシャの科学の伝統の後継者であった……。
科学研究の活動は世界的に行われ，携わったアラブ人，ペルシャ人，
中央アジアの人々，キリスト教徒，ユダヤ人，のちにはインド人，トルコ人も
含まれた。イスラム科学の知識が西洋に伝えられたことは……
のちのルネッサンス，ヨーロッパに科学の革命をもたらす布石となった。

マウリツィオ・イアッカリーノ
"SCIENCE AND CULTURE," EMBO REPORTS, 2003

3月10日

今日，広い範囲で認められている考えがある。
科学の物理分野ではほぼ異論がないのだが，
知識の小川は非機械的な実体に向かって流れつつあり，宇宙は，
偉大な機械というより偉大な思考のように見え始めているということである。
心はもはや，物質界への偶然の侵入者として現れることはなく，むしろ
物質界の創造主かつ支配者と称えるべきではないかと我々は思い始めている……。

ジェームズ・ホップウッド・ジーンズ
THE MYSTERIOUS UNIVERSE, 1930

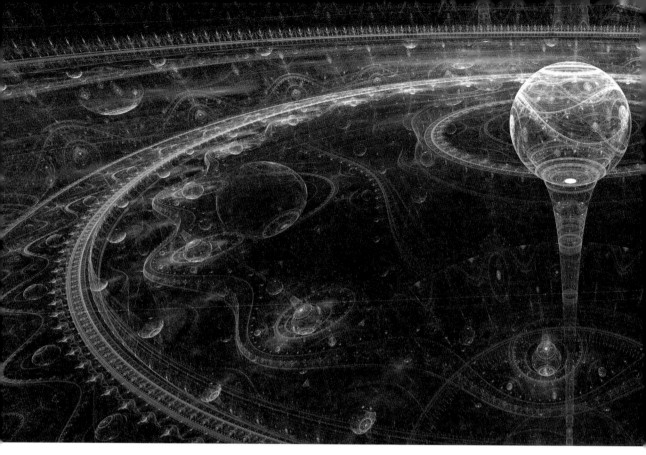

3月11日

私たちが住む宇宙とその動作原理は，私たちの観測や理解とは独立に存在している。
宇宙の数学的モデルは，私たちの心のなかだけにある筆記用具である。
数学は基本的に秩序を記述するための形式であり，
宇宙は（少なくとも私たちが観測できる時空のスケールでは）秩序立っているから，
現実世界が数学的にうまくモデル化できるのは，何ら驚くにあたらない。

キース・バックマン
"THE DANGER OF MATHEMATICAL MODELS," SCIENCE, 2006

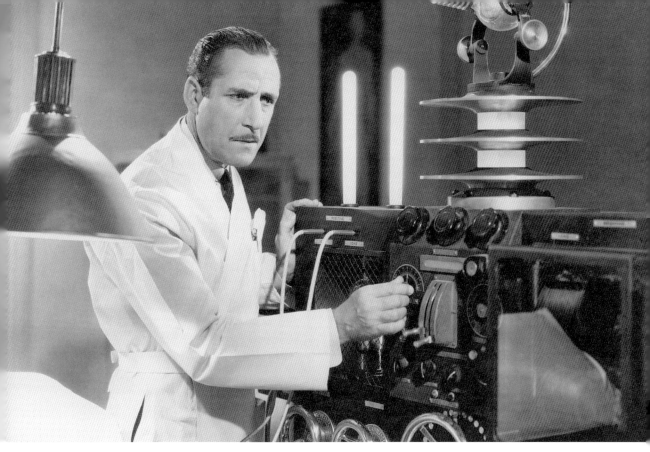

3月12日

科学はすでに何でも知っていると考えるのはまったくの間違いだろう。
直感，推測，仮説，時として詩的なあるいは芸術的でさえある思考からの
刺激によって進歩し，そして次の段階へ，
実験あるいは観測を通じた実証の試みを始める。
これぞ科学の美である。
想像の段階も通るが，その後には証明の段階，
すなわち実証段階へと進むのだ。

リチャード・ドーキンス
（ジョン・ブロックマン WHAT WE BELIEVE BUT CANNOT PROVE, 2006　から）

3月13日

ニュートンの運動法則は古典力学ばかりでなく，古典物理学全般の礎ともなっている。
この法則は特定の定義を含み，ある意味では自明の理とも考えられるが，
ニュートンは定量的な観測と実験に基づいたものだと力説した。
確かに，そのほかのもっと基本的な関係性からこの法則を導き出すことは不可能だ。
妥当性の検証には予測も含まれる……こうした予測の妥当性が
200年以上にわたり，一つひとつの事例で検証されてきた。

ダドリー・ウィリアムズ，ジョン・スパングラー
PHYSICS FOR SCIENCE AND ENGINEERING, 1981

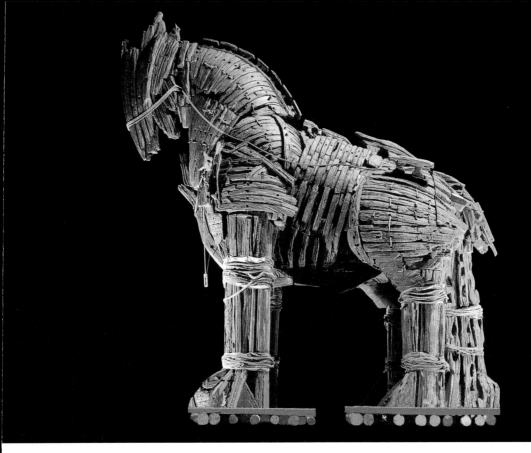

3月14日

誕生日：アルベルト・アインシュタイン（1879年生まれ）

アインシュタインの方程式は，ある意味ではトロイの木馬のようであった。
見かけは，申し分のない喜ばしい贈り物のようであり，恒星の光が重力で曲がる
現象の観測を可能にし，宇宙の起源を説明する有力な論をもたらした。だが一方で，
木馬の内側に潜むありとあらゆる奇妙な悪魔や妖怪たちのように，時空構造をもつ
ワームホールによる惑星間移動やタイムトラベルの可能性を教えた。
人類が宇宙の最もおどろおどろしい秘密を詳しく調べたことの代償に，宇宙は──
一つながりの空間であり，歴史は変えられないという，
宇宙についての通念が一部崩壊してしまった。

ミチオ・カク
HYPERSPACE, 1995

3月15日

多くの人が流暢に話せるという点では
数学はこれまでで最も成功した世界言語だと言えるだろう
……方程式は詩だ。
真理を精密無比に語り，大量の情報を簡潔に伝える
……言葉の詩が私たちの内面奥深くを照らすように，
数学の詩は，私たちが及びもつかないものを見せてくれる。

マイケル・ギレン
FIVE EQUATIONS THAT CHANGED THE WORLD, 1995

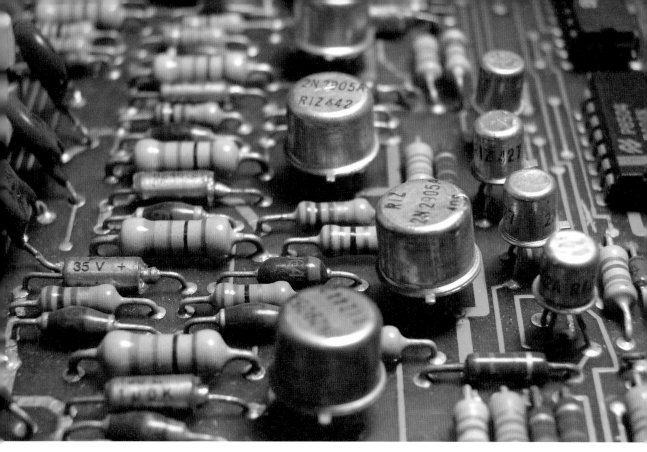

3月16日

誕生日：ゲオルク・ジーモン・オーム（1789年生まれ）

1世紀前，電気測定に関する科学も実施例もほぼ存在しなかった……。
わずかな例外を除き，電気量と電界強度に関する不明瞭な数式が，
伝導性と誘導回路の未成熟な概念と結びつき，電気の定量調査の進歩は遅れた。
だがその混乱のさなかに一つの発見がなされた。この発見は，カオスを脱して秩序を
つくり出し，電気測定をすべての物理演算のなかで最も正確な方法に転換し，
定量的研究のほぼすべての分野に役立つよう運命づけられていた。
それはゲオルク・ジーモン・オーム（1789〜1854）の多大な努力の賜物であった。

ロロ・アップルヤード
PIONEERS OF ELECTRICAL COMMUNICATION, 1930

3月17日

時の流れに真の改変を起こすなんて，簡単なことじゃない。
何か大仕事をしなくちゃならない。国の長を殺すとか。
ただここにいるだけでも小さな改変は起こせるが，
10世紀もすれば小さな改変もダメになるし，
これから先に真の改変など残せるわけがない。

ロバート・シルヴァーバーグ
UP THE LINE, 1969

3月18日

私は宇宙が神秘だという見方には同意しない
……その見方は，約400年前にガリレオが始め，
ニュートンが引き継いだ科学革命の価値を正当に認めていないと感ずるからだ。
二人は精密な数学法則に従う宇宙の，少なくとも一端を見せてくれた。
人類はそれ以来ずっと彼らが遺した研究を推し進め……
今や通常に経験することをすべて支配する数学法則を手に入れた。

スティーブン・ホーキング
BLACK HOLES AND BABY UNIVERSES AND OTHER ESSAYS, 1993

3月19日

熱力学の第二法則が，物理学で最も完璧な法則の一つであることは疑う余地がない。
もしこの法則に関する再現可能な反例が見つかれば，どんなに些細なものであっても
発見した者は巨万の富ばかりかストックホルム行きの切符を手にするだろう。
世界のエネルギー問題が一瞬にして解決されるだろうから……。
マックスウェルの電磁気の法則やニュートンの重力の法則でさえも，
この法則の前には神聖な侵すべからざる領域とは言えないだろう。
量子効果や一般相対性理論に基づく補正が生じるからである。
第二法則は詩人や哲学者の注目も集め，19世紀最大の科学の功績と言われてきた。
エンゲルスは，弁証法的唯物論の反対派を支持するという理由でこの法則を嫌悪したが，
ローマ教皇ピウス12世は，神の存在を証明するものと捉えた。

イワン・P・バザロフ
THERMODYNAMICS, 1964

3月20日

よく見れば数学には，真理だけでなく極上の美がある。
彫刻のように冷たく引き締まった美が。

バートランド・ラッセル
MYSTICISM AND LOGIC, 1918

3月21日

誕生日：ジョゼフ・フーリエ（1768年生まれ）

ケーブルや伝導体に見られる電気抵抗は，
ニスの焦げや煙，突然の短絡，金属の溶融などの原因になる。
だが抵抗による減衰効果がなければ，ジュール熱の跡形すらないようなら
……機械は超効率的になるかもしれないが，人間で言えば手足が勝手に
動いてしまうなどの難病に相当する問題に悩まされることになるだろう。
……抵抗がなくては，電気毛布もケトルも白熱電球も使い物にならない。

アントニー・アンダーソン
"SPARE A THOUGHT FOR THE OHM," NEW SCIENTIST, 1987

3月22日

誕生日：ロバート・ミリカン（1868年生まれ）

キリスト教徒が父なる神とその御子イエス・キリスト，聖霊を信じ始めたはるか昔，
自然哲学者は自分たちの三位を発見した。電気，磁気，重力である。
人々は，この三つの力だけが宇宙の創造を支配し，
さらには未来永劫，永遠に将来をつくり続けると信じていた。
三つの力のてんでバラバラな振る舞いに，大昔の哲学者たちが頭をかきむしる羽目に
なったのも当然であった。この三つはまったく別ものだろうか？ あるいは
キリスト教の三位一体のように，一つの同じ現象の異なる三つの側面なのだろうか？

マイケル・ギレン
FIVE EQUATIONS THAT CHANGED THE WORLD, 1995

3月23日

ヘラクレイトスの書き残した断片はわずかにすぎず，100個ほどで，
何かの怪獣の骨のように残されている……。
断片にはこう書かれている。
「永遠とはチェッカーで遊ぶ幼な子である」

スティーブン・ミッチェル
THE ENLIGHTENED MIND, 1991

3月24日

「私たちにはなぜ宇宙には規則があるのかわからない，
それゆえ神がそうなさったに違いない」と言う者がいる……。
この主張は，宇宙には規則がなければならない，
そうでなければ宇宙は存在し得ないという可能性を，無視したものである。
あるいはもし宇宙が規則をもたないとするなら，
我々人類は存在し得ないという事実を。

ベン・ホスキン
"GOD OF THE GAPS," LETTER TO NEW SCIENTIST, 2007

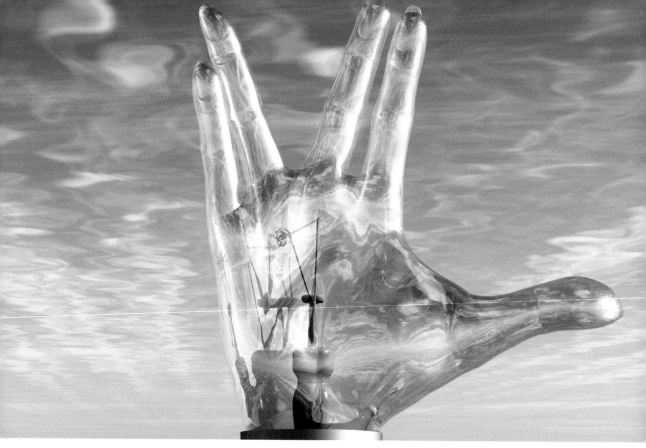

3月25日

私には物理の法則まで変えられません，艦長！

モンゴメリー・スコット（スコッティ）からカーク艦長へ
"THE NAKED TIME," STAR TREK TV SERIES, 1966

3月26日

アイザック・ニュートンの心を知る手掛かりは，
内省に集中し続ける並外れた能力にあると，私は考える。彼の特殊な才能とは，
純粋に精神的な問題を，見通せるまで常に心のなかにもち続けられる力であった。
彼が傑出しているのは，彼の直感力が，これまで人間に与えられたなかでも
最も強く，持続性があったからだろう。……何時間も何日も何週も，
問題のほうがついに根負けしてその秘密を教えてくれるまで，
ニュートンは心のなかにその問題を抱き続けられたのだと，私は考える。

ジョン・メイナード・ケインズ
"ESSAYS IN BIOGRAPHY: NEWTON, THE MAN,"
THE COLLECTED WRITINGS OF JOHN MAYNARD KEYNES, 1972

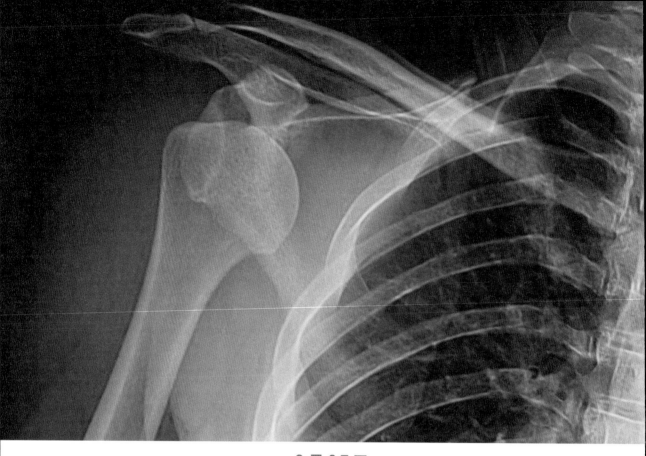

3月27日

誕生日：ヴィルヘルム・レントゲン（1845年生まれ）

19世紀が終わりに近づき，科学者たちは，物理学の世界の謎の多くを
明らかにしたと，満足感をもって反芻していただろう。
電気，磁気，気体，光学，音響学，動力学，統計力学……。
すべてが科学者の前に整然と分類された。
彼らは，X線，陰極線，電子，放射能を発見し，オームやワット，
ケルビン，ジュール，アンプ，そしてエルグという非常に小さな単位まで，発明した。

ビル・ブライソン
A SHORT HISTORY OF NEARLY EVERYTHING, 2004

3月28日

自然が比較的低次の数学関数で表せるとは，実に驚くべき幸運なことだ。

ルドルフ・カルナップ
CLASSROOM LECTURE,
（マーティン・ガードナー "ORDER AND SURPRISE," PHILOSOPHY OF SCIENCE, 1950 から）

3月29日

構造的に単純な目をもつカエルにとって，世界は，
灰色と黒色の点のぼんやりした配列に映る。我々人間の限られた感覚は，
カエルのように，住んでいる宇宙のごく一部だけしか理解していないのだろうか？
あるいは，ある種の超空間のなかで物質を奇妙につくり変える
多次元の世界の実体に，我々は一つの種として目覚めつつあるのだろうか？

マイケル・マーフィー
THE FUTURE OF THE BODY, 1992

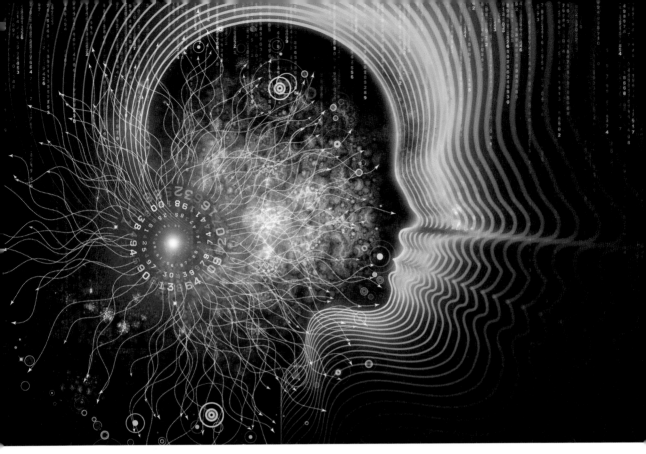

3月30日

学問という島が大きくなるにつれて，謎と向き合う陸地も広くなる。
主要な理論が覆り，それまで信じていた学問が廃れ，学問は別の形で謎と向き合う。
新たな未解明の謎は，みじめにさせ不安を抱かせるかもしれないが，
真理の海岸へたどり着くことになる。
創造的な科学者，哲学者，詩人が，島の海岸線でこうした営みを行っている。

W・マーク・リチャードソン
"A SKEPTIC'S SENSE OF WONDER," SCIENCE, 1998

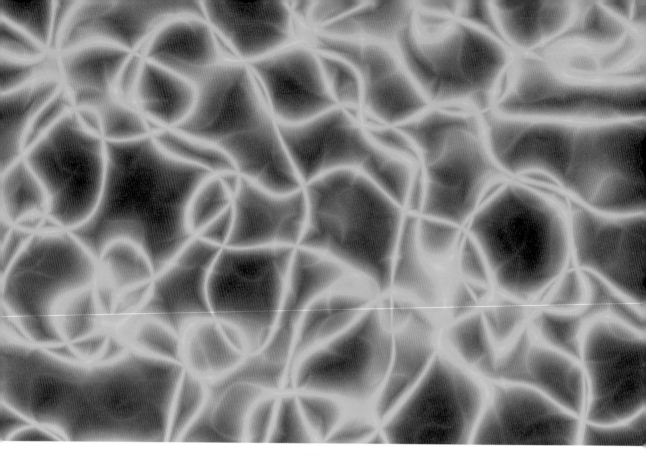

3月31日

もし実在というものが本当に現在という時間に与えられているなら，
単に歩き回るだけで，宇宙空間全体で，
時間を前後して，実在を変える力があることになる。
だが，アンドロメダ銀河にいる，知覚をもつ緑色の液体の生き物も，
その力をもっている。彼らが左に，次に右に，どろどろと流れ出すとき，
（彼らの基準系による彼らの定義では）地球上の現在という瞬間は，
時間のなかで前後に大きく変化しながら揺らぐことになる。

ポール・デービス
ABOUT TIME, 1995

4月1日

二人の研究者が，同時に別々に，一つの問題に対し
同じ解法を思いつくことは科学ではよくあることだ。
これはたいていの場合どちらも同じ問題に取り組み，同じ道筋を進んでいるからである。
「蒸気船の時代に蒸気を」とマーク・トウェインが言ったように，時宜にかなって。

ベン・ボーヴァ
THE STORY OF LIGHT, 2001

4月2日

ガリレオが提唱した宇宙体系は正当なコペルニクス体系であった。
それは，ケプラーが周転円を否定するほぼ1世紀前に考案された。
天文学の進歩に同時代の者が貢献していることを受け容れられなかったガリレオは，
盲目的に，実に自滅的に，死ぬまでケプラーの研究を無視し続け，
48の周転円をもつ大円を「厳密に実証された」物理的現実として，
世界に無理矢理受け入れさせようと無益な努力を続けた。

アーサー・ケストラー
THE SLEEPWALKERS: A HISTORY OF MAN'S CHANGING VISION OF THE UNIVERSE, 1959

4月3日

ニュートンが天才であることを示すのは,
運動に関するすべての可能な言明のなかで三つ, たった三つの言明だけが,
あらゆる運動の問題を定量的に分析可能で論理的に整合性の取れた力学の仕組みを
完璧に定義することに気づいたことだ。
この三つがニュートンの運動の三法則である。

アーネスト・S・エイバース, チャールズ・F・ケネル
MATTER IN MOTION, 1977

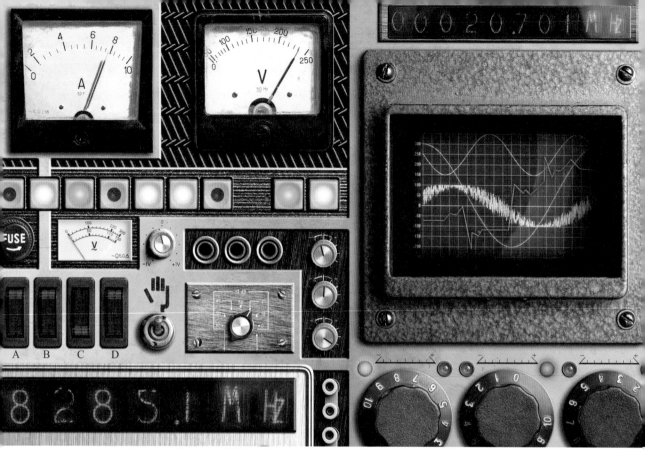

4月4日

科学の原理と法則は自然の表面に横たわっているのではない。
その内に隠されているため，積極的かつ緻密な探究の技を用いて
取り出さねばならない。

ジョン・デューイ
RECONSTRUCTION IN PHILOSOPHY, 1920

4月5日

数学者カール・ガウスが 1816 年に考案した双曲幾何学は，すべての点において
反り返るように湾曲する世界を表した，球体とは正反対のものである。
ガウスがこの概念を決して公にしなかったのはおそらく，
そこに優美さを見い出せなかったからだろう。
だが 1825 年，ハンガリー人の数学者ボーヤイ・ヤーノシュと
ロシア人の数学者ニコライ・ロバチェフスキーがそれぞれ別々に，
この双曲幾何学を再び発見している。

デビッド・サミュエルズ
"KNIT THEORY," DISCOVER, 2006

4月6日

方程式を見るときは脳の多くの領域がはたらいているが，
美しいと評される公式を見ると，すばらしい絵を見たり音楽を聴いたりするように，
感情脳 —— 眼窩前頭皮質 —— が活性化される。
神経科学では美の何たるかはわからないが，もし人が公式を美しいと思うなら，
眼窩前頭皮質がかかわっている可能性が高く，人は何ものにも美を見い出せるだろう。

セミール・ゼキ
（ジェームズ・ギャラガー "MATHEMATICS: WHY THE BRAIN SEES MATHS AS BEAUTY," BBC NEWS, 2014　から）

4月7日

信仰の篤い者にとって，受動的態度（物体は自然の法則に従っているという考え方）とは，
自然の法則をつくった者としての神に明確な役割を与えるものだ。
自然の法則が本質的に受動的な世界に対する神の命令であるなら，
神はまた，自然の法則をいったん止めて奇跡を起こす力ももっているはずだ。

ブライアン・デビッド・エリス
THE PHILOSOPHY OF NATURE: A GUIDE TO THE NEW ESSENTIALISM, 2002

4月8日

帰納法の問題の解決には自然法則の存在の受容が必要であり，
また，自然法則を，単に物の振る舞いの規則性（異なる場所や時間において
世界がどのように振る舞うかという一貫性）としてではなく，
自然の必然性を表す形として —— これを得ることで，物が一定の規則的な方法で振る舞い
相互に作用することを明確にできる法則として —— 認識することも必要である。

ジョン・フォスター
THE DIVINE LAWMAKER: LECTURES ON INDUCTION, LAWS OF NATURE, AND THE EXISTENCE OF GOD, 2004

4月9日

18世紀における空気力学の基本的な進歩は
ダニエル・ベルヌーイ（1700～1782）による研究と共に幕を開けた。
ニュートン力学は現代流体力学の扉の錠を外したが，扉そのものは開けなかった。
この扉をごくわずかな切れ目ほどに初めて開いたのが，ベルヌーイであった。
レオンハルト・オイラーをはじめ，後続の者たちがその扉を大きく開けることになる。

ジョン・D・アンダーソン Jr
A HISTORY OF AERODYNAMICS: AND ITS IMPACT ON FLYING MACHINES, 1997

4月10日

アインシュタイン以前，科学者は，物事を観察し，記録して，
事実を説明する一片の数式を見つけようとした。
シルベスター・ジェームズ・ゲーツによれば，「アインシュタインはこのプロセスを
ひっくり返した。極めて深い洞察に基づいた美しい数式から始め，
宇宙の成り立ちを説明し，何が起きるかを予測したのだ。
それは，これまでの科学が築いた秩序への衝撃的な反逆だった。
彼は，科学における人類の創造性を示したのである」。

ピーター・タイソン
("THE LEGACY OF E = MC^2," NOVA, WWW.PBS.ORG, 2005　から)

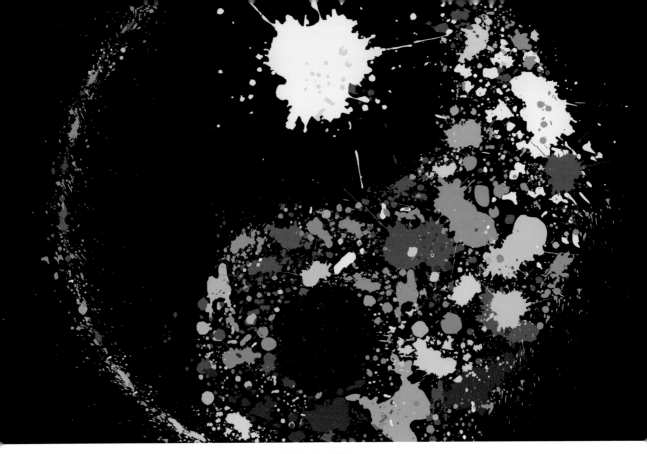

4月11日

科学も，生命のように，その腐敗を栄養にして命を紡ぐ。
新しい事実が古い規則を押し破る。そして新たに導き出された概念が
新旧を結びつけ，調和した法則をもたらす。

ウィリアム・ジェームズ
THE WILL TO BELIEVE AND OTHER ESSAYS IN POPULAR PHILOSOPHY, 1897

4月12日

私はよく，最終的に物理学には
数学的表現は不要になるかもしれないと考えています。
最後にはもののからくりは明らかにされ，法則は単純になるかもしれません。
それは，一見複雑そうに見えるチェッカーの盤上が，そうなるように……。

リチャード・ファインマン
THE CHARACTER OF PHYSICAL LAW, 1965

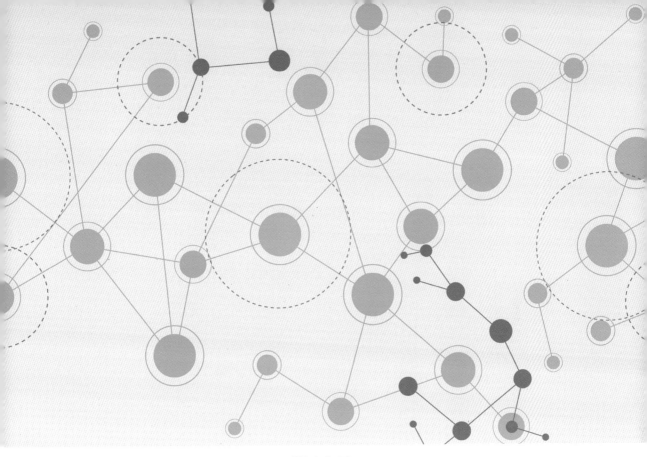

4月13日

結びつきこそは物理学を織りなす布地のようなものである。
結びつきを発見することは理論物理学者にとっての喜びであり，
その結びつきの強さを検証することは実験主義者にとっての喜びである。
……とどのつまり，科学がなせる業とは，
私たちがもつ世界観や，世界のなかでの自分たちの位置づけを変えることである。
……すべての分野を通じて，新たな結びつきをつくることには普遍的な喜びがある。

ローレンス・M・クラウス
FEAR OF PHYSICS, 1993

4月14日

誕生日: クリスティアーン・ホイヘンス（1629年生まれ）

先日の夜，永遠を見た，
純粋なる終わりなき光の大環のように
まぶしく輝きながら，まこと音もなく静もる。
そしてその大環の下を，時は何時間，何日，何年とかけて
天体に引かれてめぐる，
まるで広遠な影が動くように。その影のなかに世界と，
そして共に進む生命たちは勢いよく放り出されていた。

ヘンリー・ボーン
"THE WORLD," 1650

4月15日

現代物理学の偉大な方程式は，科学知識のなかで命を保ち続ける。
おそらくは，いにしえの時代から残る壮麗な大聖堂よりも永く……。

スティーブン・ワインバーグ
（グレアム・ファーメロ IT MUST BE BEAUTIFUL, 2003 から）

4月16日

宇宙とそのしくみ，そしてその起源を理解しようとする探求は，
人類史上最も忍耐を要する，最大の冒険である。
どこか小さな銀河のちっぽけな星を周回する小惑星の一握りの居住者が，
宇宙全体を完全に理解することを目的とするなどとは想像できない。
一片の創造物にすぎない存在が宇宙全体を理解できると心から信じているとは。

マレー・ゲルマン
（ジョン・ボスラフ　STEPHEN HAWKING'S UNIVERSE, 1989　から）

4月17日

天の創造主の模倣者であった人間が，古代の人々が知らなかった多声合唱による
歌唱法をついに見い出したことは，もはや不思議ではあるまい。
この多声のシンフォニーによって，
人間は60分にも満たない短い時間に悠久の時の流れを奏でることができ，
神を模した音楽の，ことに甘美な幸福感を呼び起こし，
最高の芸術家である神の歓喜をわずかに感じることができるのだ。

ヨハネス・ケプラー
HARMONICES MUNDI (THE HARMONY OF THE WORLD), 1619

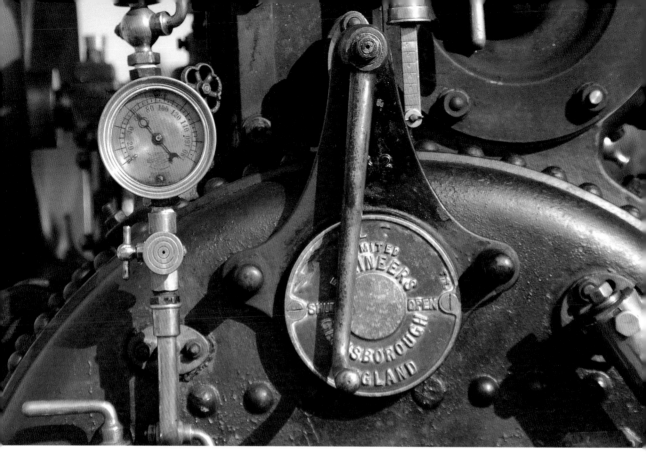

4月18日

科学の諸分野において熱力学第二法則ほど，精神の解放に寄与してきたものはない。
しかし，また同時に，科学の分野でこれほど難解と考えられているものもまずない。
第二法則と言えば思い浮かぶのは，ごう音を立てる蒸気機関や複雑な数学，
そしてどこまでも理解不能なエントロピーである。
この法則を知らないということはシェークスピアの作品を
何一つ読んだことがないというのに等しい，と語ったＣ・Ｐ・スノーの，
一般的な科学知識のテストに合格できる者はほぼいないだろう。

ピーター・Ｗ・アトキンス
THE SECOND LAW, 1984

4月19日

ニュートンは物理学史上，最も偉大で創造的な天才であった。
彼以外の科学界の偉人候補（アインシュタイン，マクスウェル，ボルツマン，
ギブス，ファインマン）のなかで，理論家，実験家，数学者としてのニュートンの
総合的な業績と肩を並べられる者はだれ一人としていなかった。
……もしタイムトラベルができて17世紀までさかのぼる旅で
ニュートンに出会ったとしたら，目に入る相手をだれ彼かまわず激怒させておいてから，
舞台に上がって，天使のように歌いだす演者のような人だと思うかもしれない。

ウィリアム・H・クロッパー
GREAT PHYSICISTS, 2004

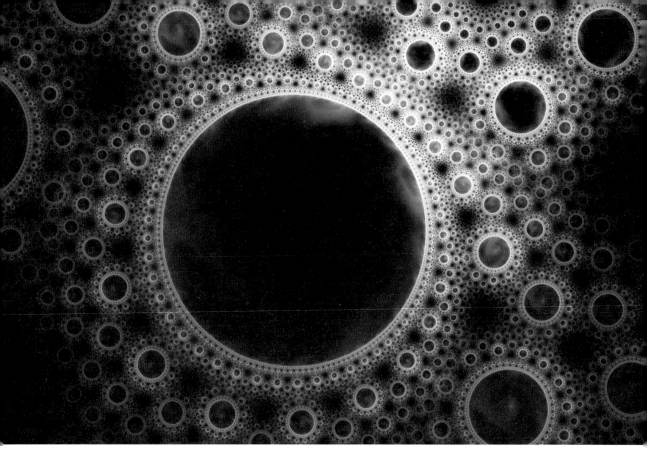

４月２０日

自然淘汰は私たち人間に手の込んだ構造の生物圏をもたらしたが，
おそらくそれと似た進化の原理が宇宙の誕生にも働いている。
私たちの宇宙は，新鮮な宇宙を数々つくりうる知能を残すための淘汰から
生まれたのかもしれない……淘汰が起こるのは，確固たる法則だけが，
新たな生命を形成するための一定の良好な条件をつくり出せるからだ。
生命体がこのことに気づけば，正しい決まった法則をもつ
より高度な宇宙を意図的に創造し，より大規模な構造をつくり出せるだろう。

グレゴリー・ベンフォード

（ジョン・ブロックマン　WHAT WE BELIEVE BUT CANNOT PROVE, 2006　から）

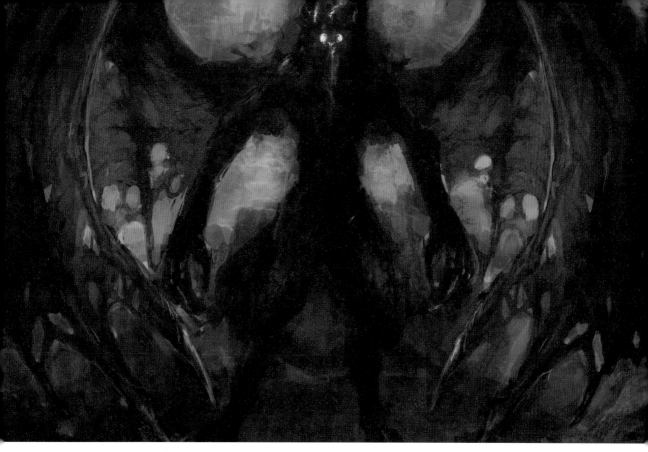

4月21日

啓発思想における「自然神学」は……
創造主が自然の法則を定めたとき私たちの利益を一番に考え，
その後この世から姿を消したと見なし，悪魔の影響も，
邪悪な行為に対する神の報いも考慮に入れていなかった。
神の無関心は，
あらゆる神学者が恐れ多くも考えてみた以上に絶対的であった。

フレデリック・C・クルーズ
FOLLIES OF THE WISE, 2006

4月22日

客観的な科学の経験的な基盤に「絶対的」なものは何一つない。
科学は強固な岩盤の上に成り立っていない。
科学の理論の勇壮な枠組みは、いわば沼の上にそびえているようなものである。
杭の上に立つ建物とも言えよう。杭は沼地に向かって打ち込まれるが、
自然の、あるいは「すでにある」基盤に打ち込まれているのではない。
杭をさらに深く打ち込むのをやめるとすれば、それは固い地面に達したからではない。
沼上の建造物を支えられるくらい、少なくとも当面の間は
杭に十分な強度があることに満足して、打ち込まなくなるだけだ。

カール・ポパー
THE LOGIC OF SCIENTIFIC DISCOVERY, 1959

4月23日

誕生日：マックス・プランク（1858年生まれ）

5000年後の人々が3000年前の我々の時代を振り返ったとき，
我々にとってのトロイア戦争のように，現代の重大な出来事の一部が
神話化されていればと願っている。20世紀に起こった物理学の科学革命の功績には，
そんな永続的な意義をもつ出来事が数多く見つかるだろう。その革命的な出来事の
筆頭となるのは，1900年のプランクによるエネルギー量子の発見だ。
彼は，まったく新しい，完全に想定外の，すばらしく奇妙で神秘的な
だが絶対的に必要な，世界の究極の実体への扉を開いた。新しいこの分野が
どこへ向かうかはわからない。いつか終わりを迎えるとも思えない。

イアン・ダック，E・C・G・スダルシャン
100 YEARS OF PLANCK'S QUANTUM, 2000

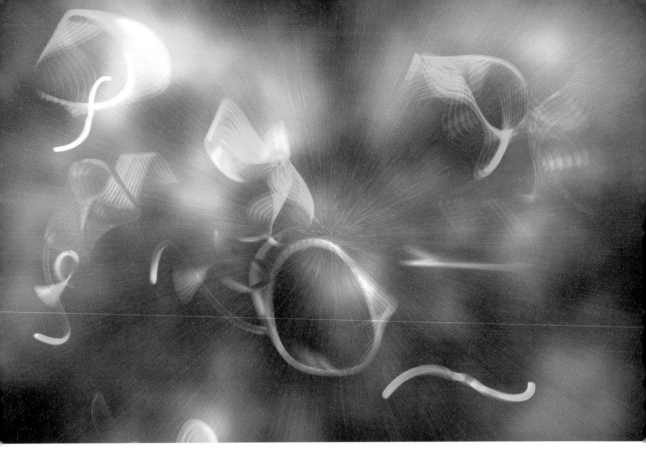

4月24日

専門的に言うと私は超弦理論，つまりM理論の仕事をしている。
目標は方程式を見つけることだ。
それは，おそらく1インチにも満たない短いものだろう。
アインシュタインの言葉を借りれば，「神の御心が読める」方程式である。

ミチオ・カク
"PARALLEL UNIVERSES, THE MATRIX, AND SUPERINTELLIGENCE," KURZWEILAI.NET, 2003

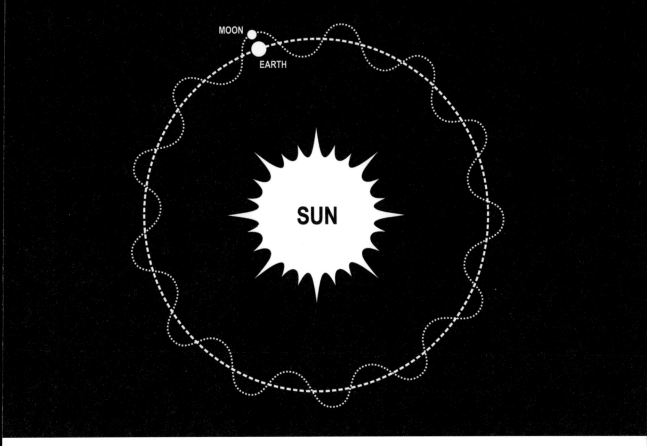

4月25日
誕生日: ヴォルフガング・パウリ (1900年生まれ)

ハイゼンベルクの行列力学という与えられた解決策は苦痛と苦労を伴うものであり，
たとえば原子の「軌道」の概念を捨てるといった，困難な譲歩を要求した。
この考えにパウリの心は騒ぎ始めた。衛星は電子のように定常状態にあり，
なおかつ軌道上を移動した。自然界が球体のなかに軌道の場所をつくっていたら，
ハイゼンベルクはなぜ原子について軌道の概念を禁じ，
「観測可能なもの」だけにこだわったのか？
「物理学は今，明らかに混乱に陥っている」と1925年パウリは語っている。
「いずれにしても私には難しすぎて，聞かなければよかったと思っている」。

トマス・パワーズ
HEISENBERG'S WAR: THE SECRET HISTORY OF THE GERMAN BOMB, 2000

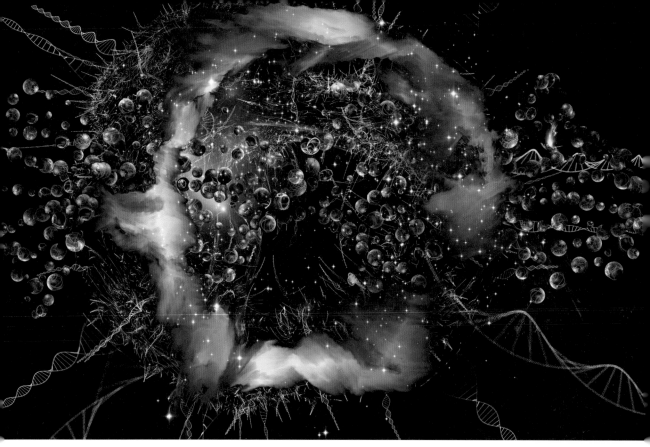

4月26日

自然の法則は宇宙の枠組みをなしている。
宇宙を支え，形づくり，すべてを結びつける……。そして，宇宙とは
私たち人類が人間の理性の力で知り，理解し，近づける場所であると説いている。
ものを支配する力への信頼が失われつつあるような時代にあって，
自然の法則は周囲の最も複雑な仕組みですら，単純な法則，
すなわち普通の人間に理解できる法則に従って動いていることを思い起こさせる。

ジェームス・S・トレフィル
THE NATURE OF SCIENCE, 2003

4月27日

ある物体が遠く離れた別の物体に，ほかの何ものをも介さず，
作用や力を一方から他方へ真空中で伝達しうるという考えは，
私にはあまりに不条理に思われ，哲学的な事がらを考える力に長じた者には
決して理解されないと思います。

アイザック・ニュートン
LETTER TO RICHARD BENTLEY, 1693

4月28日

科学はその発見や創造物で我々を驚かせ続け，
意表をつく新しい方法を考え出し，驚愕させるだろう。
科学の自己修正力の中心にあるのは技術である。
新たな手法が見つかれば
知識の構造が新たに変わり，新しい発見方法が可能になる。
科学の成果とは新しいことを知ることであり，
科学の進化とは新たな方法で新しいことを認識できることだ。
その進化は，知る内容ではなくなり，知るということの本質が主となっていく。

ケビン・ケリー
"SPECULATIONS ON THE FUTURE OF SCIENCE," EDGE.ORG, 2006

4月29日

「自然の法則」とは，理解しようとすればするほど
指の間からすべり落ちる概念の一つである。
物理法則に関して最も確信して言えることは，
非常に多くの実験によって確認できたから
普遍的に受け入れられるようになった仮説であるということだ。
だが，そこには自然発生したものは何もない。
すべては人間がつくり上げたものにほかならない。

"BREAKING THE 'LAWS' OF NATURE," NEW SCIENTIST, EDITORIAL, 2006

4月30日
誕生日：カール・フリードリヒ・ガウス（1777年生まれ）

数学は科学への扉であり鍵である……数学の放棄はあらゆる知識を損なう。
数学を知らずしてほかの科学，すなわちこの世界は知り得ないからだ。
おまけに，知らないことは自覚できないから，改善の術を求めない。

ロジャー・ベーコン
OPUS MAJUS, 1266

5月1日

誠にもって，神は人間に始めからすべてを明かしてはくれなかったが，
幾星霜もの探求により，人間は発見のなかで進化し続ける。

コロポンのクセノパネス
(A SURVIVING FRAGMENT OF HIS TEXTS, C. 500 BCE)

5月2日

数学と物理学を統合しようとする風潮は物理学者に
自身の研究分野の基礎を研究する新しい有力な法をもたらす
……まず，その新理論の基礎をなすと物理学者が考える数学の分野を選ぶ。
選択にあたって，数学的な美についての熟慮が大いに影響し，
その美を生み出す基盤となる一連の興味深い変換を行う数学を優先して選ぶだろう。
なぜなら現代物理学の理論，すなわち方程式よりも変換が
基本的に重要であると思われる相対性理論と量子論において，
こうした変換が重要な役割を担っているからである。

ポール・ディラック
"THE RELATION BETWEEN MATHEMATICS AND PHYSICS,"
PROCEEDINGS OF THE ROYAL SOCIETY (EDINBURGH), 1938-1939

5月3日

物質は，極限まで分割できるが，さりとて無限に分割できるわけではない。
つまり，これ以上は分割できない単位があるに違いない……
この究極的粒子を表すために，私は「原子」（atom）という語を選んだ。

ジョン・ドルトン
A NEW SYSTEM OF CHEMICAL PHILOSOPHY, 1808

5月4日

物理学者の道に足を踏み入れた者はまず一番に，重さやさまざまな値の測定を知り，
時間や空間，質量，およびそれらに関連する概念の扱いを学ぶ。
そして，プラトンやピタゴラスが理想としたように，
数の概念によって我々の知識がさらに表現され，
我々の要求がより満たされることに気づくようになる。

ダーシー・ウェントワース・トムソン
ON GROWTH AND FORM, 1917

5月5日

手のひらを開いて，すぐさま閉じる，それだけで，数学の空気を捉え，
ほんの少しの公式を手のひらでつかまえているのを感じる。
……太陽の光ですら，窓を通り抜けるとき，その光が神の意志や，
ニュートン，アインシュタイン，ハイゼンベルクの概念に基づく
法則に従っていることを。

レオポルト・インフェルト
QUEST, 2006

5月6日

自然の法則を知ることは,
そこに表わされる神の御心を知ることに等しいのは明らかだ。

ジェームズ・プレスコット・ジュール
"ADDRESS TO THE BRITISH ASSOCIATION FOR THE ADVANCEMENT OF SCIENCE," 1873

5月7日

　　　物理的実在をモデル化する試みは，通常次の二つからなる。
(1) さまざまな物理量が従う，一連の局所的な法則。
　　　　通常，微分方程式にて定式化されている。
(2) 何組かの境界条件。特定の時点での宇宙の複数の領域の状態がわかる。
　　……多くの人の主張によれば，科学の役割はこの前者にとどまるため，
　　　一連の局所的な物理法則がすべて一通り確立できれば
　　　理論物理学はその目的を達したことになる。

スティーブン・ホーキング
BLACK HOLES AND BABY UNIVERSES AND OTHER ESSAYS, 1993

5月8日

高名で年配の科学者が「これは可能だ」と言えば，ほとんどの場合それは正しい。
もし，「あれは不可能だ」と言ったら，間違いである可能性はかなり高い。

アーサー・C・クラーク
PROFILES OF THE FUTURE, 1962

5月9日

数学上の真実が「見えた」とき，人の意識は概念の世界を突き抜ける……。
そして，過去の数学者たちはこうしたときに
「神の御業」に偶然気づいたという見解をもつ。

ロジャー・ペンローズ
THE EMPEROR'S NEW MIND, 1989

5月10日

なぜ，宇宙をつかさどる法則はいつも変わることなく常にはたらいているように
見えるのだろうか？
……法則が真に法則的でない宇宙を想像してみよう。
奇跡を語るとはこのことだろうか，万物のはたらきは神頼みというわけだ。
物理学はそれよりもむしろ，法則の発見を目指し，
その法則が独自の拘束性をもつことを願いとする。
神の宇宙創造のとき，選択の余地があったかどうかと
アインシュタインが考えたときのように……。

グレゴリー・ベンフォード
（ジョン・ブロックマン　WHAT WE BELIEVE BUT CANNOT PROVE, 2006　から）

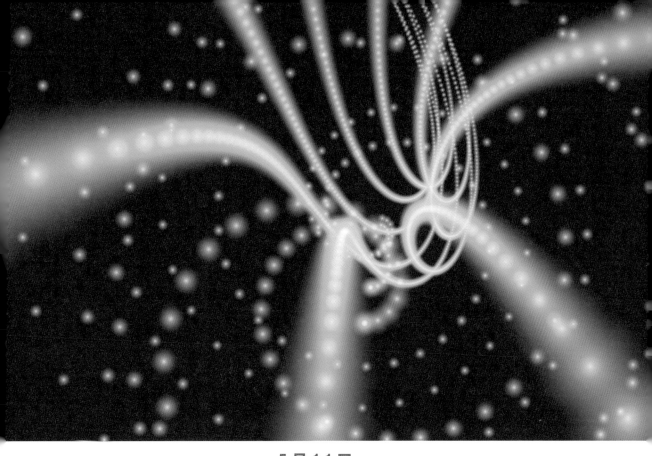

5月11日

誕生日：リチャード・ファインマン（1918年生まれ）

量子力学はといえば，
これを本当に理解できる人はだれもいないと言ってまず間違いないと
私は，考えます。

リチャード・ファインマン
THE CHARACTER OF PHYSICAL LAW, 1965

5月12日

天文学者として40年を過ごした後も私の情熱は冷めやらず，
日が暮れると外に寝転がり星を眺めている。
私がわくわくするのは夜空の美しさにとどまらない。
瞬くあの光の点のいくつかが，私たちとさして変わらない生命体の住処（すみか）で，
似たような日々の煩わしさやあらゆるものを抱えながら，
ちょうど私たちのように，不思議な気持ちで宇宙を見渡しているという感覚だ。

フランク・ドレイク
IS ANYONE OUT THERE?, 1992

5月13日

主は，私の手のなかにある，小さなものをお見せになった。
それはヘーゼルナッツ（ハシバミ）の実ほどの大きさで，玉のように丸かった。
私は理解せんと考え見つめた。これは何でございますか？
すると，だいたいにおいて次のようにお答えになった。
それはつくられたものすべてである。

ノリッジのジュリアン
REVELATIONS OF DIVINE LOVE, 1395

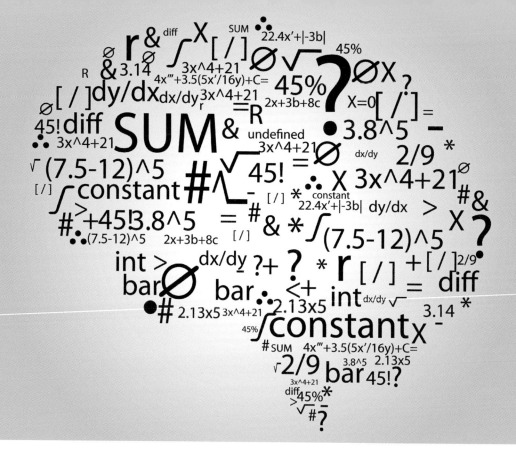

5月14日

物理学者は日常の経験とはかけ離れた概念のために，
新たに用語や表現をつくり出さねばならない。
まったくの新語は避け，たとえわずかでも
どこか似ている一般的な言葉を取り上げるというのが彼らの流儀である。
あるいは，発見や方程式に互いに共通する名前を使うという方法もある。
物理学者たちはこの方法も用いた。
だが，彼らの話しているのが物理学のことだと知らなかったら，
彼らの頭はどうかしたのかではないかと心配になるのも，もっともなことだった。

カール・セーガン
CONTACT, 1985

5月15日

ニュートンの万有引力の法則は，さまざまな観測に基づくものであった。
太陽の周りを回る惑星の軌道，地球近くに現れる天体に生じる加速……。
物理の法則は通常，数式で表され……さらに，それを使って
予測を立てることが可能である……。
物理的な状況に数学をすかさず応用すると
物理学と数学が一緒に理解できるため，
一般的に，物理学とそれに必要な数学を同時に学ぶのが最も学びやすいと言える。

ポール・ティプラー
PHYSICS, 1976

5月16日

プラトンのイデア界のどこかにそびえる，巨大な数学の城の気高い姿を，
私たちは謙虚な気持ちで一心に探す (創るのではない)。
最高の数学者たちが，その基本設計を読み解こうとするが，
台所の小さなタイルの模様がわかっただけでも，このうえなく幸せだ。
……数学は仮定の存在にすぎない原始言語だが，
それでも，破損した断片的な資料すべてを読み解く基盤となっている。
この原始言語の作者 (城の建設者) の正体は，だれにもわからない……

ユーリ・I・マニン
"MATHEMATICAL KNOWLEDGE: INTERNAL, SOCIAL, AND CULTURAL ASPECTS,"
MATHEMATICS AS METAPHOR: SELECTED ESSAYS, 2007

5月17日

地球，これで十分である，
星々がこれ以上に近づくことを私は望まない，
今あるがままの場所がとてもよい，
属するものたちのために星は満ち足りてそこにある。

ウォルト・ホイットマン
"SONG OF THE OPEN ROAD," LEAVES OF GRASS, 1856

5月18日

究極的に考えると，「観衆累積のパラドックス」では，キリストの受難を自分の目で
見るために何十億という時間旅行者が観衆となって過去に集まることになる。
聖地を埋め尽くし，やがてはトルコ，アラビア，果てはインドやイランまで
埋め尽くしてしまうという……。とはいえ，こうした出来事が
もともと起こった時点ではそれほどの大群の人は存在していなかった……。
とうとうこの時が来た。我々は未来から過去をさかのぼり要衝ポイントに群がろうとする。
自分たちの過去を今の自分たちで埋め尽くし，
もといた過去の自分たちを追い出してしまおうとしている。

ロバート・シルヴァーバーグ
UP THE LINE, 1969

5月19日

物理科学のさらに重要で基本的な法則および事実は
すべて発見され，今や確実に定着しているため，
新発見の結果に取って代わられる可能性は，極めて低い。

アルバート・マイケルソン
ADDRESS AT THE DEDICATION OF THE RYERSON PHYSICAL LABORATORY
AT THE UNIVERSITY OF CHICAGO, 1894

5月20日

現実を裏づける原則を発見するには，どこに目を向けるべきだろう？
アインシュタインの考えでは，事実は世界に存し，原則は心に存する……。
彼は偉大な理論とは，最少の原則から最大数の事実を説明できる理論である
と主張する。単純な理論ほど，私たちが見ている世界のようには見えなくなる。
科学の最終的な目標は，たった一つの，すべてを包含する自明の原理，
あるいは現実全体を演繹できる一連の原則を見つけることだと
アインシュタインは考えていた。

アマンダ・ゲフター
"HOW EINSTEIN PROBED THE POWER OF THE MIND," NEW SCIENTIST, 2005

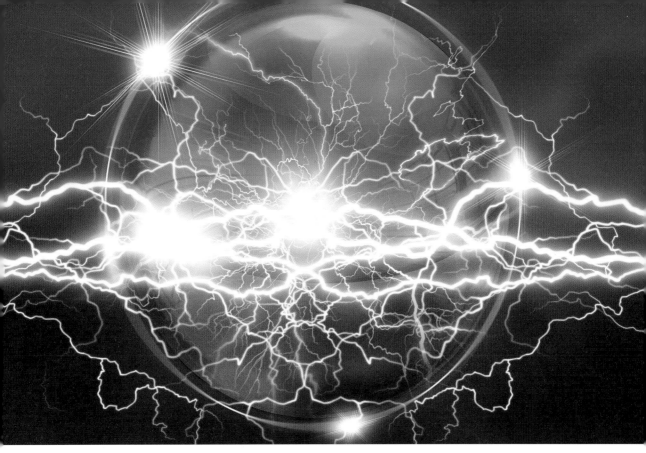

5月21日

私は科学を信じている。
数学の定理とは異なり，科学の結果を証明することは不可能だ。
ばか以外のだれもが信じるようになるまで，
ただ何度も何度も検証するしかない。
電子の存在を証明することはできないが，私はその存在を熱烈に信じている。
もしこれを信じないという人がいるなら，電子の代わりとなる論拠として，
ぜひ使いたい高電圧の牛追い棒を用意している。
電子は自らを語るだろうだから。

セス・ロイド
（ジョン・ブロックマン　WHAT WE BELIEVE BUT CANNOT PROVE, 2006　から）

5月22日

身の回りの世界とつながっている数学的構造を発見するのは
……宇宙と交信するということだ。
美しく深遠な構造とパターンは，鍛錬なしには見つからない。
そこに数学があり，人を導き，人はそれに気づく。
数学は深遠な言語であると同時に，極めて美しい言語でもある。
神の言語であると感ずる人もいる。ライプニッツもそうだった。
私は宗教を信じないが，宇宙が数学的に構成されていることは固く信じている。

アンソニー・トロンバ
（ティム・スティーブンス "UCSC PROFESSOR SEEKS TO RECONNECT MATHEMATICS TO ITS INTELLECTUAL
ROOTS," UNIVERSITY OF CALIFORNIA PRESS RELEASE, 2003　から）

5月23日

誕生日：ジョン・バーディーン（1908年生まれ）

我に支点を与えよ。
されば地球をも動かしてみせる。

アルキメデス
UPON DISCOVERING THE PRINCIPLES OF LEVERS,
アレクサンドリアのパッポス　SYNAGOGE (COLLECTION), BOOK VIII, C. 340　から

5月24日

13世紀から15世紀にかけての一時期，科学技術においてヨーロッパが
世界諸国を大きく引き離し，その後200年間，確固たる地位にあった。
続いて1687年，アイザック・ニュートンが —— コペルニクスやケプラーたちに
すでに予兆は見られたが —— 宇宙はいくつかの物理学，力学，数学の法則で
支配されているという見事な洞察を得た。彼の洞察によって，人々は，
すべては道理にかなっていて，すべてがうまくかみ合っている，
すべてのことは科学の力で改善できるのだと大いに信じた。

リチャード・コッチ，クリス・スミス
"THE FALL OF REASON IN THE WEST," NEW SCIENTIST, 2006

5月25日

純粋数学と物理学のつながりは，これまでにも増して密になりつつあるが
手法はいまだ軌を一にはしていない。その状況は，
「数学者は自分のつくったルールでゲームを楽しみ，
物理学者は自然が与えたルールで楽しむ」という言葉で表せるかもしれない。
だが時の流れと共に，ますます明らかになってきたのは，
数学者がおもしろいと思ったルールは自然が選んだルールと同一ということだ……
この二つの分野は最終的に一つにまとまり，純粋数学の各分野に物理学が応用され，
物理学における各分野の重要性は，数学のおもしろさに比例することだろう。

ポール・ディラック
"THE RELATION BETWEEN MATHEMATICS AND PHYSICS,"
PROCEEDINGS OF THE ROYAL SOCIETY (EDINBURGH), 1938-1939

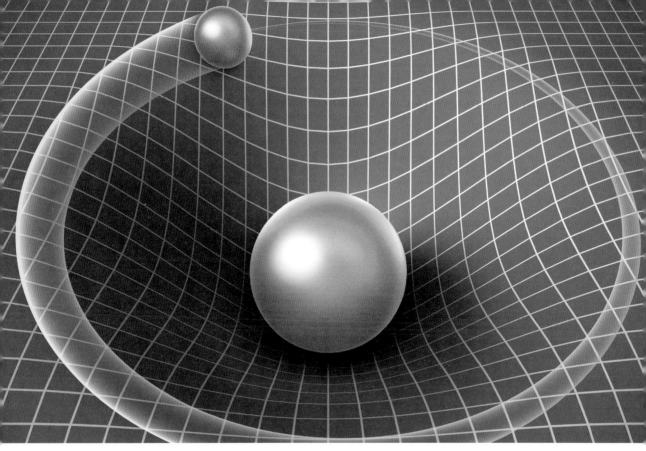

5月26日

我々人類を地球に結びつけ，地球やほかの惑星を太陽系に
結びつけているのは重力である。
この力は，恒星の進化や銀河の振る舞いにも重要な役割を果たしている。
ある意味で，宇宙を一つにまとめているのは重力というわけだ。

ポール・ティプラー
PHYSICS, 1976

5月27日

ニュートンの展開する理論は，彼の時代を決定づける科学技術より一歩先んじていた。
19世紀の壮大な理論的構想であった熱力学は，
実践が理論を先導するという逆の方向に働いた。
熱力学（とその後の統計力学）に含まれることになる，エネルギー，熱，仕事，
エントロピーという広範囲にわたる概念は，まず研究現場から始まった。
もともと技術者の領域であった熱力学は，彼らの機械を使う作業から生まれたものだ。
熱とその変換に関する研究が抽象的な物理学の高みにまで達し，
ついには新しい宇宙の構想に到達するまでになるのは，のちになってからのことである。

アダム・フランク
ABOUT TIME, 2011

5月28日

我々には発明をあまりにも単純に捉えすぎているという残念な傾向があり，
発明者の名前，年月日，そのほかの情報という単なる一覧表として見てしまっている。
しかし，よく見てみると，豊かですばらしい連鎖の仕組みが現われるはずだ。
重要なのは概念だけではない——
いかにして発明がなされたか，そしてその背景も同様に重要である。

ジェフ・ヘクト
"HOW INVENTION BEGINS, BY JOHN H. LIENHARD," NEW SCIENTIST, 2006

5月29日

「何が惑星に太陽の周りを回らせるのか？」
ケプラーの時代には，惑星の後ろには天使がいて羽を動かし，
軌道上を押して回っていると答える人々もおりました。
のちほどおわかりになるように，その答えは真実からさほど遠くはありません。
天使が違う位置にいて，その羽が惑星を軌道の内向きに押していること，
その点が違うだけです。

リチャード・ファインマン
THE CHARACTER OF PHYSICAL LAW, 1965

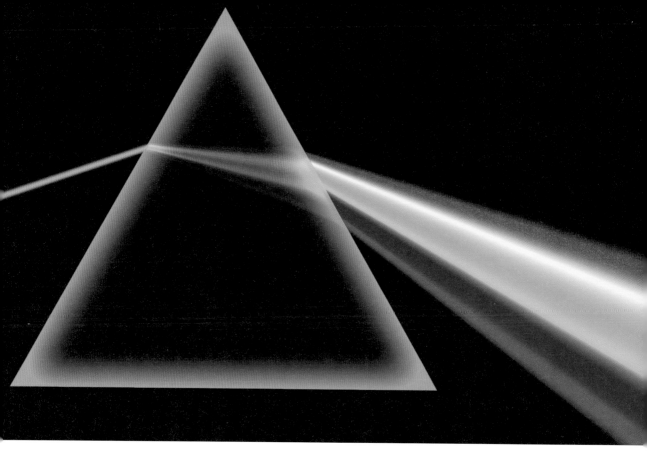

5月30日

すでに起こったものはすべて粒子で，未来にあるものはすべて波動だ。
時間という先駆的なふるいが，
「今」という瞬間に，波動を粒子にする。

ウィリアム・ローレンス・ブラッグ
（ロナルド・クラーク　EINSTEIN: THE LIFE AND TIMES, 1971　から）

5月31日

図書館の壁一面を埋め尽くす無数の棚が，
電子工学と量子電磁力学に関する本の重みでたわんでいる。
だが，どの本にも電子の的確な定義はない。
それは，電子とは何で「ある」のか，
我々はいまだ霧中にあるからだというのが，実は適切な理由である。

フィンセント・イク
THE FORCE OF SYMMETRY, 1995

6月1日

誕生日：ニコラ・レオナール・サディ・カルノー（1796年生まれ）

覚えておこう。
熱は，原子のように，手で触れることはできないために，
古典物理学では解決が難しい概念の一つとされていた。
やがて熱力学という科学が生まれた。
すべてのことは可能だと信じる楽天家の人々に，
熱力学の課程をとることをぜひおすすめする。

トニー・ロスマン
INSTANT PHYSICS: FROM ARISTOTLE TO EINSTEIN, AND BEYOND, 1995

6月2日

科学は支配の道具ではない。
目の前の出来事にいつも驚異の念を抱き,
それまでの理論を少しでも豊かに,精緻にする気持ちを育むものだ。
尊重するものであって,服従するものではない。

リチャード・パワーズ
THE GOLD BUG VARIATIONS, 1991

6月3日

ひも理論に用いられた数学は……繊細で洗練されており，
従来，数学が物理理論に果たしてきた役割を，はるかに超えている。
……物理学とは無関係のように見える領域で，
ひも理論は数学に驚くべき成果をもたらした。
多くの人は，ひも理論が正しい道を歩んでいるに違いないと見るだろう。

サー・マイケル・アティヤ
"PULLING THE STRINGS," NATURE, 2005

6月4日

　物理学者アンドレイ・リンデが，普遍的に有効な一連の物理法則が一組だけ
存在するというより，むしろ，さまざまな数多くの宇宙が存在し，それぞれ独自の，
　互いに不規則に異なる自然法則をもっている，と提案したことを考えよう……。
唯一無二の普遍的な物理法則が存在するという仮定はまた別の子どもじみた幻想で
　私たちはそこから目を覚まさねばならないのだろうか？
　……もし不規則であるなら，物理法則は神の考え出したものであるはずがない。
それはいかなる思考の産物でもなく，ましてや神の考えの産物であるわけがない。

ピーター・ピーシック
"THE BELL & THE BUZZER: ON THE MEANING OF SCIENCE," DAEDALUS, 2003

6月5日

物質のすべての粒子が互いに引き合う力を主な仮説として擁する，
アイザック・ニュートンの重力に関する理論は，万有引力の法則を導き出す。
すでに周知の通りこの法則は，ケプラーの経験則やそのほかの数多くの現象を
説明している。すべての理論の一つの目的は，こうした説明と概要を
提供することであるから，人々はニュートンの理論に大いに満足している。

ジェラルド・ジェームズ・ホルトン
PHYSICS, THE HUMAN ADVENTURE, 1952

6月6日

私たちの宇宙 ── 私たちに見え聞こえ感じられる世界 ── は，
広大な四次元の海にある三次元の表面である。
では，海の表面以外には何があるのか？　それはまったくの別世界，神の世界である。
そこでは神学は，神の内在と超越との矛盾に惑わされることはない。
超空間は三次元空間のすべての点に触れている。
神は私たちが吐く息よりも私たちの近くにいる。私たちの世界すべてを見ることができ，
私たちの空間で指一本動かすことなく，あらゆる粒子に触れることができる。
神の国は三次元の世界の「外側」に存在し，その方向は指さすことさえできない。

マーティン・ガードナー
"THE CHURCH OF THE FOURTH DIMENSION," 1962

6月7日

物理法則と粒子の探求はひとまず終了し，新たに次の文明が現れ，
究極のチェスゲームの駒である人間は十分利口でルールが理解できると
無謀にも考えるときがくるまで，保留されているのかもしれない。

ジョージ・ジョンソン
"WHY IS FUNDAMENTAL PHYSICS SO MESSY?" WIRED, 2007

6月8日

争いを好むガリレオは，敵対する人々を「心の小人」と称して
「人間と呼ぶに値しない」と決めつけた。
彼の大学の二人の教授は彼の望遠鏡をのぞきもしなかった。
少ししてその一人が亡くなったとき，ガリレオはこう書いている。
「地上にいるとき，彼は私の天体を見ようとしなかった。
天に召された今は，これを見てくれることだろう」。

ジェームズ・C・デービス
THE HUMAN STORY, 2004

6月9日

正しい命題でありながら証明不可能なものが存在するという。
だが，証明可能とされる命題のなかにも，人間の能力を超えた議論や，
100万ページ，いや100万ページの100万倍の証明を要する命題があるだろう。
人間の限界を超えた命題を，証明可能と呼んでもいいのであろうか。

カルビン・クロースン
MATHEMATICAL MYSTERIES, 1996

6月10日

物質界についての私たちの理解の最も深い部分は数学において表されており，
まったく関係のなかった分野の必要性から生まれた概念に表されることが多い。
これは実に驚くべき事実である。
よい例が，重力の仕組みを最もよく説明している，一般相対性理論である。
1915年アインシュタインが完成させた，重力は時空のゆがみから生じるとする
この理論の構築にあたって，彼は
60年前にドイツの数学者ベルンハルト・リーマンが考え出した数学を必要とした。
リーマンが研究していたのは幾何学に関係する抽象的な問題であった。

ピーター・ウォイト
"BOOK REVIEW: OUR MATHEMATICAL UNIVERSE BY MAX TEGMARK," WALL STREET JOURNAL, 2014

6月11日

世の中には，シェイクスピアを読んだことについてならば存分にその意義を議論できるが，
化学法則については，便利さをまったく見い出さない人が大勢いる。
……確かに，そんな法則が人々の年金収入を増やしてくれることはないかもしれないが，
私たちが住む宇宙を説明し，宇宙にいまだ存在するさまざまな謎を
明らかにしてくれるのだ。……熱力学の第一法則と第二法則がよく理解できれば，
永久機関*にお金を無駄使いするようなことも，かなり減るだろう。

ジェイ・イングラム
THE BARMAID'S BRAIN AND OTHER STRANGE TALES FROM SCIENCE, 2000

　*永久機関：1月28日参照

6月12日

科学を知るということには，フラクタルの性質があるに違いない。
どれだけ学んでも何か課題が残り，それがどれだけ些細に見えても，
最初の全体像と同じように限りなく複雑なのだ。
それこそが宇宙の秘密だと私は思う。

アイザック・アシモフ
I. ASIMOV, 1994

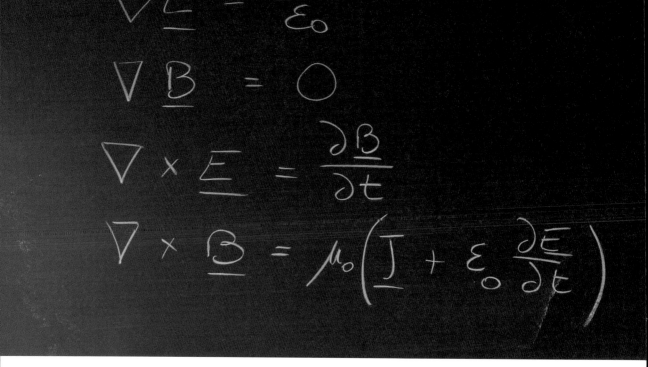

$$\nabla E = \varepsilon_0$$

$$\nabla B = 0$$

$$\nabla \times E = \frac{\partial B}{\partial t}$$

$$\nabla \times B = \mu_0 \left(J + \varepsilon_0 \frac{\partial E}{\partial t} \right)$$

6月13日

誕生日：トーマス・ヤング（1773年生まれ），ジェームズ・クラーク・マクスウェル（1831年生まれ）

マクスウェルの方程式は比較的単純な式であるにもかかわらず，
大胆にも私たちの自然観を再構築し，電気と磁気を一つにまとめ，
幾何学と位相学と物理学を関連づけている。
この方程式は，私たちを取り巻く世界を理解するうえで，なくてはならないものである。
初めて確立された「場の方程式」として，科学者に
物理学への新たなアプローチ方法を示したばかりでなく，
自然における四つの力を統合する最初の一歩を踏み出させた。

ロバート・P・クレス
"THE GREATEST EQUATIONS EVER," PHYSICS WORLD, 2004

6月14日
誕生日：シャルル・オーギュスタン・ド・クーロン（1736年生まれ）

もし錬金術やそのほかの魔術知識に夢中になっていなければ，
アイザック・ニュートンは，自分の物理体系の主だった特徴として，
物体の間に働く引力と斥力を提唱することは決してなかっただろう。

ジョン・ヘンリー
"NEWTON, MATTER, AND MAGIC," (LET NEWTON BE!, 1988　から)

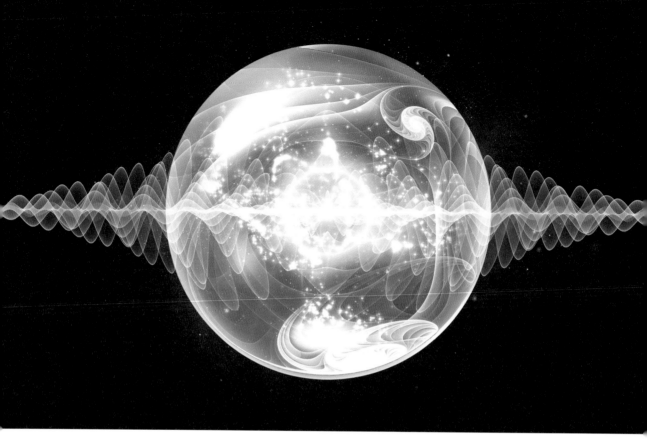

6月15日

あらゆる種類の空間を考える科学は，
有限の知性が幾何学において扱いうる最高の試みであることに間違いない……
もし別の次元をもつ領域が宇宙に存在できるのであれば，
すでに神が姿を与えているに違いない。
そのような高次の空間は，私たちの世界には属さず，別の世界を形成するだろう。

イマヌエル・カント
"THOUGHTS ON THE TRUE ESTIMATION OF LIVING FORCES," 1747

6月16日

初めに神は，反対称２階テンソルの４次元発散はゼロであると言われた。
すると光があった。
神はそれを，よしとされた。

ミチオ・カク
MESSAGE ON A T-SHIRT, AS TOLD BY MICHIO KAKU, "PARALLEL UNIVERSES, THE MATRIX, AND
SUPERINTELLIGENCE," KURZWEILAI.NET, 2003

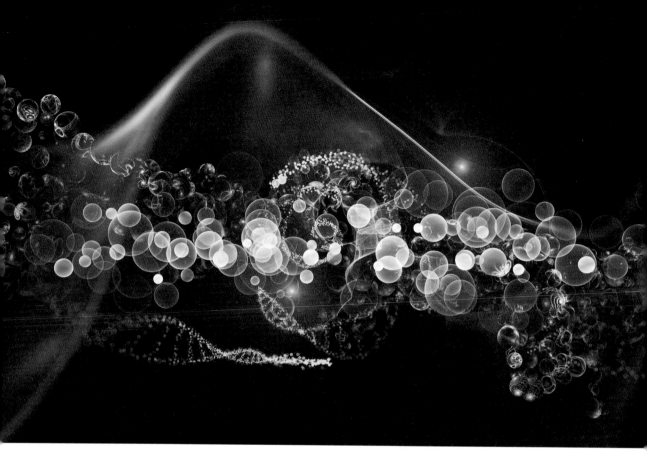

6月17日

私もあなたを探しつづけるわ，ウィル。一瞬一瞬，ずっとずっと。
もしまたお互いを見つけ出せたら，何ものも私たちを分かつことができないほどに
きつく抱きしめ合いましょう。私の原子一つひとつがあなたの原子一つひとつとしっかり……。
私たちは鳥や花やトンボや松の木のなか，雲のなかに暮らし，
日ざしのなかに浮かんで見える，小さな光の粒のなかで生きていきましょう……
そして私たちの原子を，新しい生命をつくり出すために使うなら，
原子1個だけじゃダメ，必ず二ついっしょよ，あなたの原子と私の原子を一つずつ，
私たちはとっても強く結ばれているのだから……。

フィリップ・プルマン
THE AMBER SPYGLASS, 2000

182

6月18日

フリーマン・J・ダイソンは，科学とは本来，破壊的な行為であると言っている。
長らく支持されてきた考えを打ち崩したり（ハイゼンベルクは量子力学の因果関係を覆し，
ゲーデルは数学の決定可能性という純粋なプラトン哲学の概念を打ち砕いた），
あるいはまた，世間一般が容認する政治的な見解に対して
よくある軽蔑の念を抱いたりする（ガリレオ，アンドレイ・サハロフ）。
科学の倫理 —— かたくななまでに，自分の直感に導かれるままに行動する —— は，
すべての確立されたものにとって脅威である。

ジョージ・ジョンソン
"DANCING WITH THE STARS," NEW YORK TIMES BOOK REVIEW, 2007

6月19日

宇宙の創造主は，
その創造物がもつ本質的な根拠を見ればわかるように，
今や，純粋数学者として姿を現し始めている。

ジェームズ・ホップウッド・ジーンズ
THE MYSTERIOUS UNIVERSE, 1930

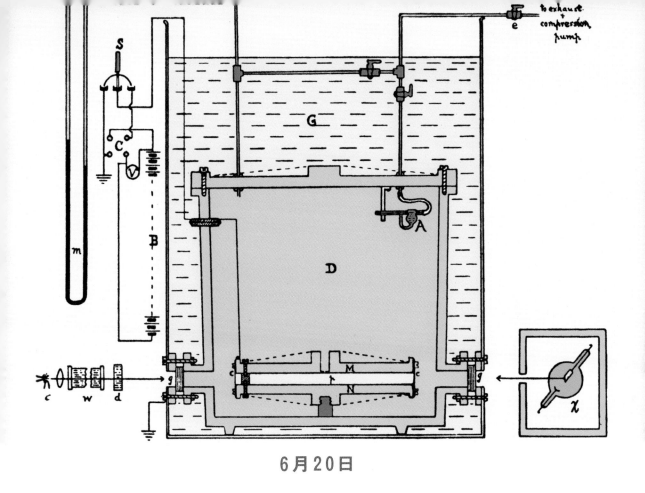

6月20日

物理学が進歩するのは，実験によって法則と事実の間に
新たな不一致が絶えず生じるからであり，
物理学者が事実をより忠実に表すために
常に法則に手を加えたり修正をしたりしているからである。

ピエール・デュエム
THE AIM AND STRUCTURE OF PHYSICAL THEORY, 1962

6月21日

人類の歴史を俯瞰_{ふかん}して見たとき —— たとえば今から1万年後から見れば ——
19世紀最大の出来事がマクスウェルによる
電気力学法則の発見だとされることは，間違いありません。
同じころに起こった科学のこの一大出来事に比べれば，アメリカの南北戦争も，
どこか一地域の取るに足らない小事にしか見えなくなる。

リチャード・ファインマン
THE FEYNMAN LECTURES ON PHYSICS, 1964

6月22日

偉大な方程式は世界の見方を変える。
何と何が関係するかを定義し直し，僕たちの認識をひっくり返して再統合し，
世界を再編する。
光と波動，エネルギーと質量，確率と位置。
そしてそれは，意外な形で，奇妙とも見える方法でなされる。

ロバート・P・クレス
"THE GREATEST EQUATIONS EVER," PHYSICS WORLD, 2004

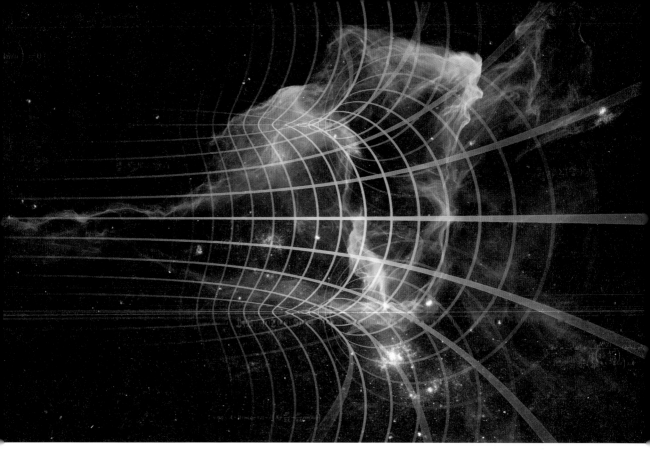

6月23日

ほんのわずかな法則があって，矛盾を起こさず，
私たちのような複雑な存在につながっているのかもしれない。
……そして法則の候補がたった一組あるとすれば，それはたった一組の方程式だ。
その方程式に命を吹き込み，方程式が治めるべき宇宙をつくったのは，
いったい何だろう？　究極の統一理論は自らを生み出すほど強力なものだろうか？

スティーブン・ホーキング
BLACK HOLES AND BABY UNIVERSES AND OTHER ESSAYS, 1993

6月24日

ニュートンの時代には……運動物理学に関するいくつかの間違った考えが
学術書をもとに，まだ教えられ続けていた。
正確性への過度なこだわりは，いつの時代も対応が遅れる。
だが，17世紀後半に入るまでにはガリレオの慣性の概念は改良，修正されて，
研究熱心で生産的な多くの科学者たちに受け入れられ，
当然の内容として考えられるようになった。
……一方，ニュートンは，慣性の法則を運動の第一法則と位置づけ，
古い学説からの解放を宣言するような論調を示した。

アーノルド・アロンス
DEVELOPMENT OF CONCEPTS OF PHYSICS, 1965

6月25日

自然全体と整数の性質とを関連づけたいという
哲学者たちのはるか昔からの願いが，いつの日か実現される可能性がある。
実現を目指し，物理学は，詳細を確証するために
長い道のりを拓いていかねばならないだろう。
道のりを拓く一つの手がかりは非常に明白であるようだ。
つまり，現代数学における整数の研究は複雑な変数の関数理論と密接に結びついており，
私たちが見覚えのあるその理論は未来の物理学の基盤となる可能性が大いにある。
この概念が構築できれば，原子の理論と宇宙学を結びつけることができるだろう。

ポール・ディラック
"THE RELATION BETWEEN MATHEMATICS AND PHYSICS,"
PROCEEDINGS OF THE ROYAL SOCIETY (EDINBURGH), 1938-1939

6月26日

誕生日：ウィリアム・トムソン（ケルビン卿）（1824年生まれ）

したがって，実際の手順において物理学は，
曖昧な品質のものではなく観測可能なものを研究する。
実際のところ，読み取りは世界品質の変動を反映するが，
我々の正確な知識は品質ではなく読み取りである。
読み取りというのは，電話番号と電話の加入者との関係とよく似ている。

サー・アーサー・スタンレー・エディントン
"THE DOMAIN OF PHYSICAL SCIENCE,"
（ジョゼフ・ニーダム　SCIENCE, RELIGION AND REALITY, 1925　から）

6月27日

科学に最も密にかかわった科学者や最も観察力のある科学哲学者の一部は
自然の法則を次のように考えている。
「人がつくり出した」（アインシュタイン，ボーア，ポパー）
「人がつくり出したものではない」（プランク）
「世界に実在する基本的な秩序を表したもの」（アインシュタイン）
「統一によってのみ正当なモデルとなるもの」（フォン・ノイマン，ファイマン）
「完全な理解へ向かう途上の歩み」（ファイマン，ドイッチュ）
「終わりなき道の歩み」（ボルン，ポパー，クーン）……

マイケル・フレイン
THE HUMAN TOUCH, 2007

6月28日

エントロピー増大の法則（熱力学第二法則）は，
自然の法則のなかで最高位にある法則と私は考える。
もし，あなたの持論とする宇宙論がマクスウェル方程式と矛盾していると指摘されれば，
それはマクスウェル方程式に問題がある。
観測結果と矛盾することがわかれば，実験主義者は時には失敗をするものだと受け入れる。
なれど，あなたの理論が熱力学第二法則に相反するものであることがわかれば，
望みはない。屈辱のどん底に崩れ落ちるしかほかない。

サー・アーサー・スタンレー・エディントン
THE NATURE OF THE PHYSICAL WORLD, 1928

6月29日

我々の脳は，雨をしのいだり，ベリーの実がある場所を探したり，
殺されないよう身を守るために進化してきた。
非常に大きな数が理解できるように我々を手助けしたり，
一万次元に存在するものを見たりするためには進化しなかった。

ロナルド・グラハム
（ポール・ホフマン "THE MAN WHO LOVES ONLY NUMBERS," ATLANTIC MONTHLY, 1987　から）

6月30日

これまで，物理学の理論は，自然界の実在性を近似レベルで説明する
単なるモデルであると考えられてきた。モデルが改良されるにつれ，
理論と実在の結びつきはいっそう密になってきた。
今では物理学者のなかには，超重力は実在するものであり
モデルの世界と現実の世界は数学的に完全に一致する，と主張する者もいる。

ポール・デービス
SUPERFORCE, 1984

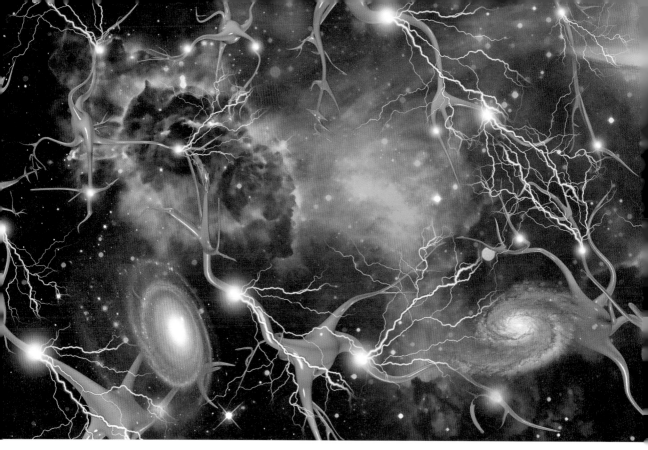

7月1日

神の存在を，人間的な神の存在を認めよ，
さすれば奇跡はただちに訪れうる。
自然の法則が神の意志に従って行われているならば，
これを意志とした神は，止めることも意志とすることができる。
神の行いを止めるのは困難なため，
人間は，止めることができたと考えなくてよい。

サー・ジョージ・ガブリエル・ストークス
NATURAL THEOLOGY, 1891

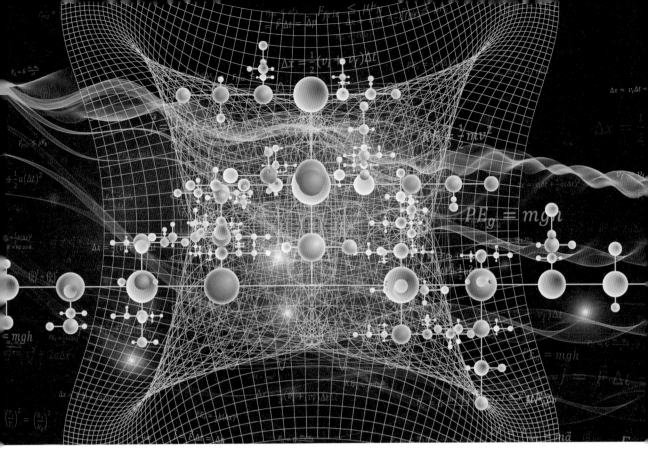

7月2日

いつの日か素粒子タキオンが発見されるならば，
その決定的瞬間の前日に，発見者からの告知が新聞に載るだろう。
「タキオン，明日発見される」

ポール・ナーイン
TIME MACHINES, 1993

7月3日

地図に黒点で表された町や村を見て空想するように，
星を眺めていると，私はいつもいとも簡単に夢見てしまう。
私は自問する。夜空に瞬くあの光の点は
フランスの地図にある黒い点のように，たどり着けるのだろうか？
タラソンやルーアンへ着くのに汽車という手段をとるというなら，
我々は，星に届くには死という手段をとらねばならない。
この推理で間違いなく正しいのは，生きている間に星に行けないのは，
死んでしまったら電車に乗れないのと同じということだ。

ヴィンセント・バン・ゴッホ
LETTER TO THEO VAN GOGH, JULY 1888

7月4日

自然は数学的につくられていると今なお信じる人がいる。
彼らは，物理現象に関する初期の数学理論の多くは不完全だったと認めるものの，
理論は改良され続け，より多くの現象を含むようになったばかりでなく
観察と正確に一致するようになったとも指摘する。
そうしてニュートン力学はアリストテレスの力学に代わり，
相対性理論はニュートン力学を改良した。
この歴史は，この世界にそのような造形が存在することと，
人間が真理にますます近づいていることを暗示してはいないだろうか？

モリス・クライン
MATHEMATICS: THE LOSS OF CERTAINTY, 1980

7月5日

聖人を祀った聖堂巡礼に何千ものイングランドのカトリック教徒が
心惹かれるように，ブリテン諸島にも科学をこよなく愛す人々も少しばかりいて，
彼らは，科学の創始者たちの想い出を尊ぶだけではなく，
とある偉大な知識人の出身地や生誕地を詳しく知りたいと願っている。
その人の名は，ジョン・ドルトン（現代原子論の提唱者）── キリスト教界の
名だたる聖人たちすべてを合わせたよりも世界の文明に大きく貢献した人物である。

ヘンリー・ロンズデール
THE WORTHIES OF CUMBERLAND: JOHN DALTON, 1874

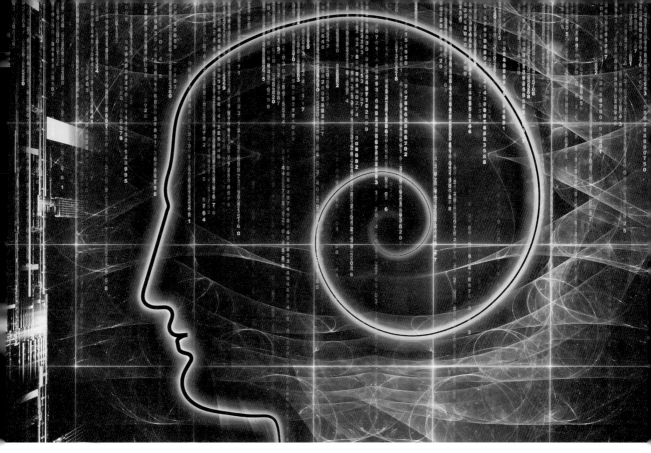

7月6日

科学は自然の究極の謎を解決できない。
最新の分析によれば，
私たち人間が自然の一部だからであり，
すなわち，人間が解決しようとする謎の一部だからである。

マックス・プランク
WHERE IS SCIENCE GOING?, 1933

7月7日

優秀な人の優秀さは，優秀に近い人にしか理解されないのかもしれない。

アントニー・スミス
THE MIND, 1984

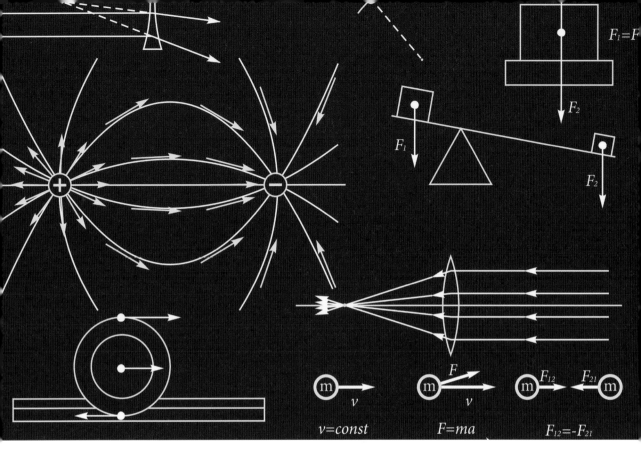

7月8日

物理学は，大きな飛躍の局面を迎えるたびに，
新しいツールや概念を数学から導入することを求めると共に，
しばしば数学に導入のきっかけを与えてきた。
今日の，極めて高い精度と汎用性をもつ物理法則に関する私たちの理解は，
数学用語をもってのみ可能なのだ。

サー・マイケル・アティヤ
"PULLING THE STRINGS," NATURE, 2005

7月9日

誕生日：ジョン・A・ホイーラー（1911年生まれ）

1960年以降，宇宙はまったく新しい姿を見せ始めた。
宇宙に関する人間の知識が突如拡がるにつれ，いっそう刺激的で神秘的で，
激しく極端になっている。そのなかで最も刺激的かつ神秘的で，激しく極端な現象に，
最も素朴で平易で穏やかで控えめな名前がつけられた──
ほかならぬ「ブラックホール」である。

アイザック・アシモフ
THE COLLAPSING UNIVERSE, 1977

7月10日

チェッカーのゲームに戻って考えてみますと,
基本法則となるのは駒の動かし方のルールです。
与えられた条件でどれがよい手かを見極めるために,
込み入った状況では数学を用いることができます。
しかし,この基本法則の性質が単純なため,数学はほぼ必要ありません。
言葉を使えば簡単に説明できます。

リチャード・ファインマン
THE CHARACTER OF PHYSICAL LAW, 1965

7月11日

神は人間の行為や世界のさまざまな変化を裏で糸引く存在などではないと聞いている。
人間が，生産的な仕事をして一貫した理解をもてる生活を
送れる環境にある運命だとするなら，
世界は独自の規則正しい秩序と方式をもっていなければならないことになる。
原因があって結果があり，人間はこれを図式化でき，自ら対処することができる。
したがって，物事が危険になりつつあった場合，
神が常に入り込んでくれると期待するのは，少しおかしい。

ローワン・ウィリアムズ
"OF COURSE THIS MAKES US DOUBT GOD'S EXISTENCE," SUNDAY TELEGRAPH, 2005

7月12日

歴史的に見ると，ニュートンを境に科学モデルの性質に変化が起きていた。
プトレマイオス，コペルニクス，ニュートンの三人は，
惑星の動きを正しく予測するモデルを開発した。
ニュートンのモデルは天体現象を説明するものであったのに対し，
残り二人のモデルは単なる描写に終始したと言われることがあるが，
より正確に説明するなら，ニュートンが，観測とはかけ離れた概念を用いて
より高度な抽象化を取り入れたということだろう。

バイロン・K・ジェニングス
"ON THE NATURE OF SCIENCE," LA PHYSIQUE AU CANADA, 2007

7月13日

アイザック・ニュートンは，暗黒と隠微と魔術の世界に生まれ堕ちた……。
少なくとも一度は狂気との境に立たされたが，人類の知識の
本質的な核たる部分を最も多く発見した，歴史上唯一無二の存在である。
彼は現代世界をつくり出した中心的存在なのだ。
……彼のおかげで知識は実体のある，測ることのできる正確な存在となった。
彼は原理を確立した。
その原理は今日，ニュートンの法則と呼ばれている。

ジェームズ・グリック
ISAAC NEWTON, 2003

7月14日

自然の法則は神の考えを映し出したものであり，変わらないし，変えられない。
そこに偶然は存在しない。
自然の不変の法則の下にも，いかなる法則の下にも，
偶然は存在しない。
既知あるいは未知の自然の法則がもたらす意図せぬ結果のみが，
偶然と呼ばれるものである。

ヘンリー・アウグストゥス・モット
THE LAWS OF NATURE AND MAN'S POWER TO MAKE THEM SUBSERVIENT TO HIS WISHES, 1882

7月15日

もし一つの理論が唯一可能な理論のように思えたならば，
その理論も，理論が解明しようとする問題も，
どちらも理解していないことを
暗示していると考えるべきだ。

カール・ポパー
OBJECTIVE KNOWLEDGE: AN EVOLUTIONARY APPROACH, 1972

7月16日

キリスト教徒がつくり出した学問ではあるが，物理学はキリスト教の学問ではない。
イスラム教徒がつくり出した学問ではあるが，代数学はイスラム教の学問ではない。
真実に到達するたびに，人類は文化を超え，育った過去を超える。
科学に関するこの対話は，部族主義を超越するという希望を
人類が抱き続ければよいことを示すいい例である。

サム・ハリス
"THE GOD DEBATE," NEWSWEEK, 2007

7月17日

誕生日：ジョルジュ・ルメートル（1894年生まれ）

ビッグバンがどうだったか話そう，レスタト。
あれは，神の細胞が分裂し始めたときだった。

アン・ライス
TALE OF THE BODY THIEF, 1992

7月18日

誕生日：ヘンドリック・ローレンツ（1853年生まれ）

相対性理論が物理学者に，単純性の原則に反すると指摘されることなく
容易に受け入れられる理由は，理論が数学的に非常に美しいからである。
これは定義することのできない性質であり，芸術では美を超えるすべてのものが
定義できるが，数学を研究する者なら通常，難なく理解できる性質である。
……制約のあるこの理論は簡単に言えば，時空連続体が受ける変換群を
ガリレイ群からローレンツ群に変更しなければならないという点で，
私たちの時間と空間に対する概念を変えた。

ポール・ディラック
"THE RELATION BETWEEN MATHEMATICS AND PHYSICS,"
PROCEEDINGS OF THE ROYAL SOCIETY (EDINBURGH), 1938-1939

7月19日

まったく疑う余地のないことだが，人類が見つけた
さまざまな形と動きをもつ多種多様なこの世界は，
万物を指揮しつかさどる神の完全に自由な意志以外からは生じ得ない。
この泉から……自然の法則が流れ出し，最も賢明な工夫の足跡を多くうかがえるが，
必然性の影は少しも見えない。したがって，これらの法則については，
不確かな推測から求めるのではなく，観察と実験から学ぶべきなのだ。

ロジャー・コーツ
THE SECOND EDITION OF NEWTON'S PRINCIPIA　序説，1713

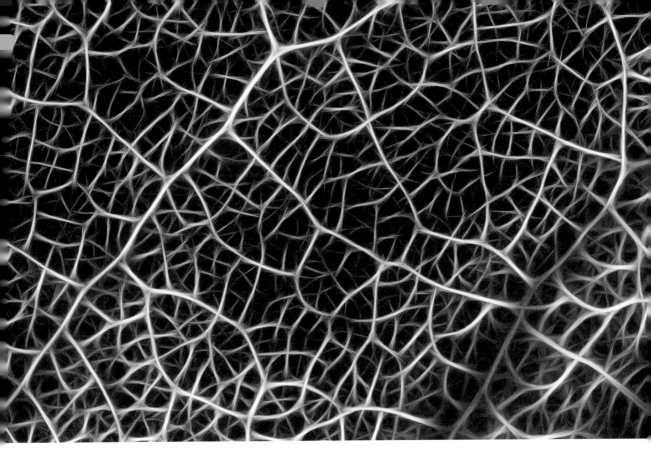

7月20日

一つはっきりさせておかねばならないのは，
原子に関して，言葉はまるで詩のなかのようにしか使えないということだ。
また，詩人も，イメージをつくることや精神的なつながりを築くことほどに，
事実を述べることにまったく関心がない。

ニールス・ボーア
（ヴェルナー・ハイゼンベルク PHYSICS AND BEYOND, 1971　から）

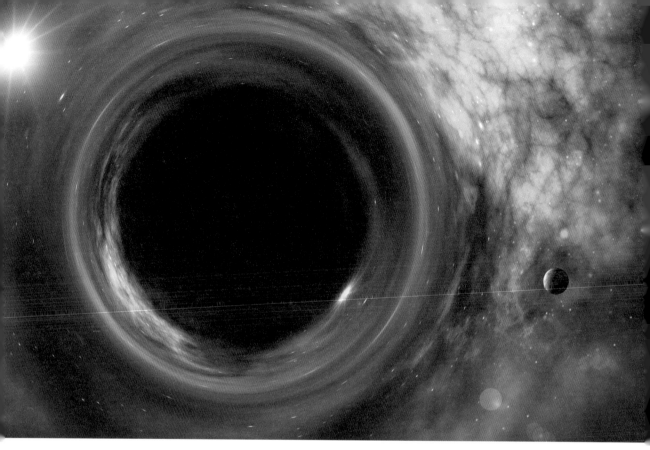

7月21日

もし一般相対性理論が正しいとするならば，宇宙の合理的なモデルは
すべて特異点から始めなければならないことを我々は示した。
……特異点があったとしても，それでもなお，いかにして宇宙が始まったかは，
物理法則によって決まるのではないかと，私は考えている。

スティーブン・ホーキング
BLACK HOLES AND BABY UNIVERSES AND OTHER ESSAYS, 1993

7月22日

人類の未来の宗教は，科学法則に基づく宗教だろう。

グレッグ・ホワイトフィールド
（ポスト・B・バスネット "NEPAL BECOMING MECCA FOR BUDDHIST STUDIES,"
KANTIPURONLINE.COM, 2005　から）

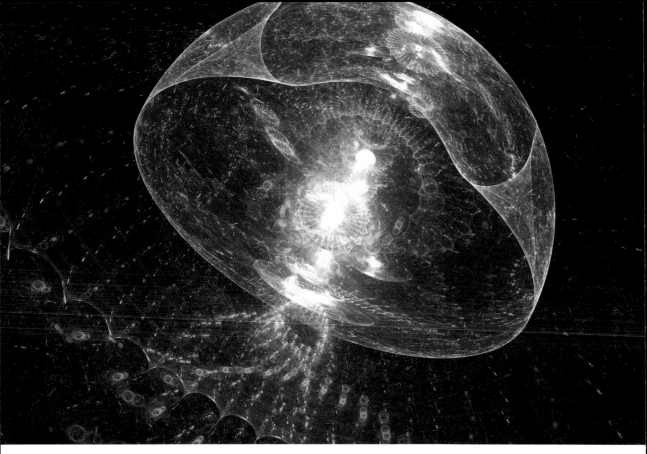

7月23日

夜空に瞬く星々や銀河の輝きと，私たちを取り巻く生物界に存在する
森や花々の輝きを見れば，神が多様性を愛することは明らかだ。
おそらく宇宙は，こうした多様性最大の原則に従ってつくられているのだ。
この原則によれば，自然の法則は……宇宙をできる限りおもしろくするために
つくられている。その結果，生命体の存在は可能ではあるが，容易なことではない。
多様性が最大限に拡大されると，ストレスも最大になる。
最終的に私たちは生き延びているが，
さしずめ首の皮一枚というところと言えようか。

フリーマン・J・ダイソン
"NEW MERCIES: THE PRICE AND PROMISE OF HUMAN PROGRESS," SCIENCE & SPIRIT, 2000

7月24日

アイザック・ニュートンは
創造的な数学者であるのと同等に創造的な物理学者であった。
理論と実験，どちらにも等しく熟達した数少ない物理学者の一人であった。
彼の反射望遠鏡の発明は，ましてや天体力学の開発は
天文学史に傑出した地位を確立した。
彼と同年代の者たちはニュートンの並外れた直観力について
次のように評価している。
「彼は彼自身ですら証明できないことまで知っているようだ」

アーネスト・S・エイバース，チャールズ・F・ケネル
MATTER IN MOTION, 1977

7月25日

宇宙が突然凍って，あらゆる運動が止まったとしたら，
宇宙の構造のなかに，何の規則にも従わずに存在しているものは見い出せないだろう。
わかりやすい幾何学的パターンなら，たとえば，銀河の渦から雪の六角形の結晶に
至るまで，いくらでも見つかるだろう。時計を動かすとそれらの一つひとつは，
時に驚くほど簡潔な方程式で表される法則に従って，規則正しく動き出す。
だが，なぜそうなるのかは，論理的にも先験的にもわからない。

マーティン・ガードナー
"ORDER AND SURPRISE," PHILOSOPHY OF SCIENCE, 1950

７月２６日

ガリレオの時代以降，科学は着実に数学的になっている。
多くの理論家たちは，……研究中の現象を説明する基本的な方程式が存在することに，
事実上，揺るぎない確信をもっている。
だが……最終的に，自然界の基本法則は数学的に述べる必要がなく，
チェスのルールのように，ほかの形でもっとうまく表せることが，
いずれわかる日が来るかもしれない。

グレアム・ファーメロ
IT MUST BE BEAUTIFUL　前書, 2003

7月27日

科学の役目は，
神秘に包まれた宇宙に，人間の探求心を解き放つことだ。

ルイス・キャロル・エプスタイン
RELATIVITY VISUALIZED, 1984

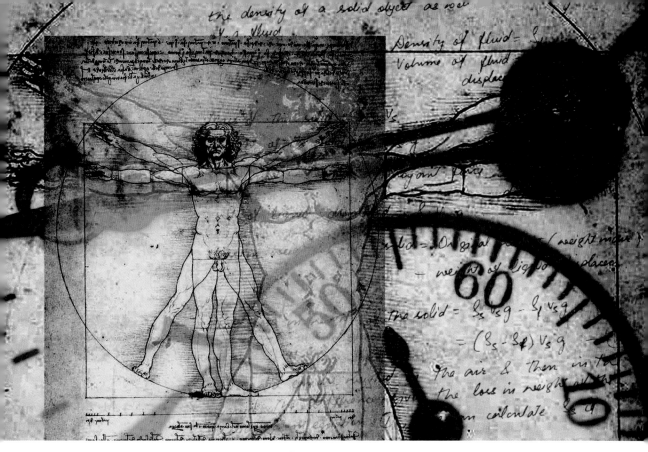

7月28日

誕生日：ロバート・フック（1635年生まれ），チャールズ・ハード・タウンズ（1915年生まれ）

ロバート・フックは，歴史上最も軽視されている自然哲学者の一人である。
カメラの虹彩絞りや乗り物に使われるユニバーサル・ジョイント，
さらには時計のテンプを発明し，生物学の「細胞」という語の名づけ親でもある……
建築家で実験家，そして天文学者でもあったフックだが，
その存在はフックの弾性の法則によって知られることが多い。
……ヨーロッパのルネッサンス期最後の人物で，
「イギリスのレオナルド・ダ・ヴィンチ」と呼ばれている。

ROBERT HOOKE SCIENCE CENTRE
WWW.ROBERTHOOKE.ORG.UK, 2007

7月29日

数学と物理学の進歩により，私たちは詩的な空想の羽根に乗って
ユークリッド空間の果てまで飛び，四次元以上の座標軸がお互いに直交する空間を
理解したくなる。だが，その先を目指した飛翔は，
いつも三次元ユークリッド空間の大地に墜落した。
……確かに（高次元空間の）計算はできる。だが，その姿を理解できないのだ。
私たちは，生を受けた空間に，囚人のように閉じ込められている。
二次元に存在する者が，三次元の存在を信じることはできても，
見ることはできないように。

カール・ハイム
CHRISTIAN FAITH AND NATURAL SCIENCE, 1953

7月30日

問題に頭を悩ませている最中，
アルキメデスは偶然にも町の共同風呂の前を通りかかった。
風呂に入って湯船につかろうとしたとき，彼はふと，あふれたお湯の量が
自分の体を湯のなかに入れた量と等しいことに気づいた。
問題の解決法がわかったアルキメデスは……大喜びで湯船から飛び出て，
裸のまま家まで大急ぎで帰る道中，「エウリカ（わかったぞ）！」と大声で叫んでいた。

マルクス・ウィトルウィウス
DE ARCHITECTURA (ON ARCHITECTURE), C. 15 BCE

7月31日

科学の核をなすのは，数学的モデルではない。
知的な誠実さだ。

サム・ハリス
"BEYOND BELIEF: SCIENCE, RELIGION, REASON, AND SURVIVAL,"
MEETING AT THE SALK INSTITUTE FOR BIOLOGICAL STUDIES, LA JOLLA, CALIFORNIA, 2006

8月1日

「あなたは究極の物理法則を探しているのですか?」
と尋ねられることがありますが，私はそのようなことはしていません。
ただ，世界についてより多くのことを見い出そうとしているだけで，
結果すべてを説明する究極の単純な法則が一つ存在することがわかったとしても，
それはそれでよいと考えています。
そんな法則が発見できれば，どんなにすばらしいことでしょう。
もし発見した法則が何百万もの層をもつタマネギのようで，そのおびただしい層を見て
私たちが少々うんざりしてしまったとしても，それは仕方のないことです……。

リチャード・ファインマン
「(AN INTERVIEW FOR THE BBC TELEVISION PROGRAM HORIZON, 1981　から)」

8月2日

エントロピーとは，ほぼだれもが聞いたことはあるが，
ほぼだれも正確に説明できない言葉の一つ……無秩序さとシステム中の情報量を表す。
新品の一組のトランプがあるとする。エントロピーは低く情報もほぼない。
たった2種類の情報（カードの数字の相対的な並びとマークの種類）でデッキ中の各カードの
位置が見ずともわかる。一方，シャッフル後のデッキにはエントロピーが多く生成され
情報も多い。特定のカードのデッキ中の位置を知るにはデッキ全体を探さねばならない。
完全に秩序のある状態は一つだけだが，無秩序な状態は 10^{68} 通りある。
したがって，シャッフル後のデッキがシャッフル前の元の並びに組まれていることは
偶然にも決してあり得ない。

コーリー・S・パウエル
"WELCOME TO THE MACHINE," NEW YORK TIMES, 2006

8月3日

天体物理学者には，宇宙を最も大きな視野で眺められるという
すばらしい特権が与えられている。
今日では，粒子検出器や大型望遠鏡を使って遠く離れた星々の研究が行われ，
宇宙は時間と空間すべてのなかで，
無限に大きいものから無限に小さいものまで，少しずつその真の構造を私たちに現し
永遠に私たちを驚かせ続ける。

ジャン＝ピエール・ルミネ
BLACK HOLES, 1992

8月4日

ちょうど数々の小川によって，なかにはだれも気づかないほどのせせらぎによって……，
大河が流れをなすように，科学も技術も人々のささやかな貢献から始まり，
知識と技の大きな流れになった。
流体力学の大いなる河は，この分野の解説書を初めて著した
ダニエル・ベルヌーイという源流と密接に関係している。

G・A・トカティ
A HISTORY AND PHILOSOPHY OF FLUID MECHANICS, 1971

8月5日

自然法則が永遠に真であるという考えは美しい想像だが，
これは本当に哲学や神学からの逃避なのだろうか？
哲学者が主張してきたように，私たちは，自然の法則一つひとつの予測を調べ，
検証できたか矛盾しているかは確認できても，
法則が常に真であるに違いないとは決して証明できない。
したがって，自然法則が永遠に真であると信じるならば，
それは論理や証拠では確立できない何かを信じていることになる。

リー・スモーリン
"NEVER SAY ALWAYS," NEW SCIENTIST, 2006

8月6日

数理科学や物理科学，機械科学において，モデルは極めて重要である。
はるか昔，哲学は思考の本質を見抜いた。
身の回りのさまざまな実体に特定の物理的属性 ——
つまり概念を定義し，概念を用いて，思考する際にその実体を表す仕組みだ。
この観点からすると，思考と実体の関係は，
モデルと本質が表す実物の関係と同じである。

ルートビッヒ・ボルツマン
ENCYCLOPAEDIA BRITANNICA, 1902

8月7日

イギリスでは，自然法則に関する概念の宗教からの分離は，ヨーロッパ大陸よりも
ゆっくりと進んだ。フランス革命の後，18世紀が幕を下ろすまでに，
フランスのラプラスは自分には神の存在という「仮説」は必要ないと豪語し，
ドイツのカントはニュートンの法則の普遍性と必要性を神や自然ではなく
人間の理性の枠組みに基づかせようとした。……にもかかわらず，19世紀後半に
入っても，イギリスでは自然法則が神の意志の表れであるか否かが依然として
活発に議論されていた。……ダーウィンによる革命がイギリスの知的生活に浸透し，
自然法則はようやく神の意志から，事実上分離した。

ロナルド・N・ギア
SCIENCE WITHOUT LAWS, 1999

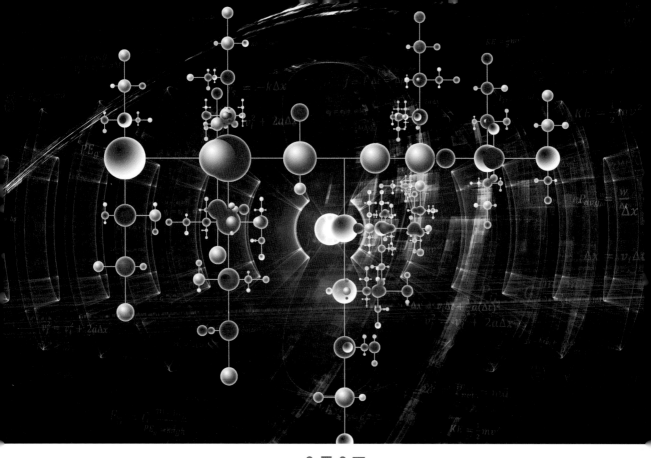

8月8日

誕生日：ポール・ディラック（1902年生まれ）

1890年代以降，実験に基づく目ざましい発見や理論の構想が相次ぎ，
驚嘆する宇宙物理学者たちが興味津々に見つめるなか原子の内部が明かされ始めた。
……近年の物理学者ジョージ・ガモフをして「物理学を揺るがした30年」と言わしめた
出来事が見せた進歩において，その鍵となったのは，放射の量子論と呼ばれる学問，
すなわち，電磁エネルギーや光をはじめとする
さまざまな種類の放射線は粒子であるという概念の発展であった。

ヘンリー・フーパー，ピーター・グウィン
PHYSICS AND THE PHYSICAL PERSPECTIVE, 1980

8月9日

我々は無知の海に囲まれた知識の島に住んでいる。
知識の島が大きくなるにつれ，無知の海岸線も延びるのだ。

ジョン・A・ホイーラー
（ジョン・ホーガン "THE NEW CHALLENGES," SCIENTIFIC AMERICAN, 1992 から）

8月10日

コペルニクスも，ガリレオについても，法則に関係する記述が見当たらない。
ケプラーも，史上初めての真の科学的な法則である，
自身が発見した惑星の運動に関する三つの法則を説明する際にも，
「法則」という語をまったく使わなかった。

マイケル・フレイン
THE HUMAN TOUCH, 2007

8月11日

おそらく，スペクトルに七つの原色が存在するという概念を考え出したのは
ニュートンであろう。音楽の調和に関心を強くもったニュートンは，
音階が七つの異なる音で構成されることから，
その七つの音の間に発見した簡単な整数比に対応する波長幅の比をもつ
七色のスペクトル帯にスペクトルを分割した。

マルコム・ロンゲア
"LIGHT AND COLOUR,"「（COLOUR: ART & SCIENCE, 1995　から）」

8月12日

誕生日：エルビン・シュレーディンガー（1887年生まれ）

多くの名だたる物理学の方程式は，$E = mc^2$ やシュレーディンガーの方程式も含めて
観測や観察に関する数式から導き出された結論ではなかった。
どちらかといえば，それ以外の方程式や情報からの推論に基づく結論であった。
それゆえ，定理的な要素が強い。
そして，経験に基づく確かな内容と価値をもつ定理は，
方程式と似ていると言えよう。

ロバート・P・クレス
"THE GREATEST EQUATIONS EVER," PHYSICS WORLD, 2004

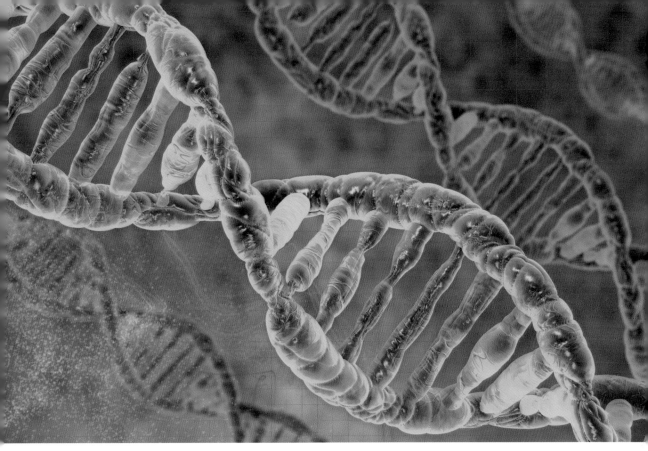

8月13日

宇宙の法則は，生命を誕生に仕向けるように巧妙につくられている。
生命の歴史が，地球生命の起源である「原始のスープ」から確実な因果関係をもって
続いてきたのならば，自然法則は根底に何か隠されたものを含み……
それは「生命をつくれ！」と言っている……。
つまり，宇宙の法則が宇宙自体の解釈をつくり出しているのだ。

ポール・デービス
THE FIFTH MIRACLE, 2000

8月14日
誕生日：ハンス・クリスティアン・エルステッド（1777年生まれ）

エルステッドと共に，マイケル・ファラデーも電気が磁気を生むことを明らかにした。
そしてファラデーは，磁気が電気を生むことも明らかにした。
この二つの発生に見られる，非常に密接で相互に行き来する関係は，
自然界に存在する関係にほかならない。
市井の労働者の息子であったファラデーは，自然界の偉大な秘密を発見し書き記したが
それは産業革命の終了と電気の時代の幕開けを告げるものであった。

マイケル・ギレン
FIVE EQUATIONS THAT CHANGED THE WORLD, 1995

8月15日

誕生日：ルイ・ド・ブロイ（1892年生まれ）

「そうは言っても」私たちは辛抱強く問い続けている。
「電子があらゆる可能な軌道を取りうる多元宇宙を説明する
量子力学の波動関数の先に，いったい何があるというのだろう？」
おそらく，ニュートンの実験台には，我々の考える多元宇宙が透明な天球に収まり，
「これが答えのすべてだ」と夢を見ている。

ジョージ・ゼブロウスキー
"TIME IS NOTHING BUT A CLOCK," OMNI, 1994

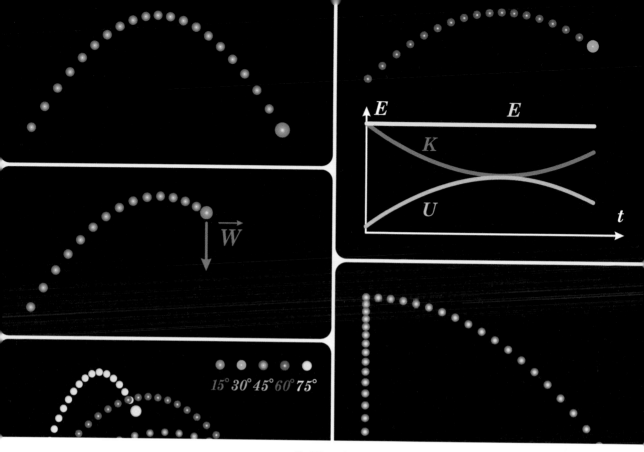

8月16日

この重力の法則は「人類がなし得た最も偉大な一般化」と言われてきました。
……ですが私は，この重力ほどエレガントで単純な法則に従える
自然の不思議に惹かれるほどには，人類の精神に興味がありません。
そこで，ここでは，重力の法則を発見した人類の賢さではなく，
この法則に気づくようにさせる自然の賢さについてスポットを当てるのです。

リチャード・ファインマン
THE CHARACTER OF PHYSICAL LAW, 1965

8月17日

アルゴリズム処理が苦手という自然言語の性質こそ，
物理学にふさわしい言語は数学しかないことの決定的理由かもしれない。
$E = mc^2$ や $\int e^{is(\phi)} D\phi$ といった式を表す言葉がないからではない。
要は，こうした偉大な発見に対して，言葉だけではいまだに手も足も出ていなかっただろう，
ということである。……奇跡的に極めて高度な抽象化を行って，
やっとどうにか実体を反映できる程度なのだ。
物理学者が見い出した世界の知識は，数学という言語によってのみ表現できるのである。

ユーリ・I・マニン
"MATHEMATICAL KNOWLEDGE: INTERNAL, SOCIAL, AND CULTURAL ASPECTS,"
MATHEMATICS AS METAPHOR: SELECTED ESSAYS, 2007

8月18日

真実の大海のどこかに，宇宙に存在する生命に関する問いへの答えが隠されている。
その問いの先には，人類が尋ねることすら許されない問い……，
すなわち，人類の思考や感情がミミズには到達し得ないように，
人類には到達し得ない思考や感情をもつ心によって，
いつの日か理解できるかもしれない，宇宙に関する問いがある。

フリーマン・J・ダイソン
"SCIENCE & RELIGION: NO ENDS IN SIGHT," NEW YORK REVIEW OF BOOKS, 2002

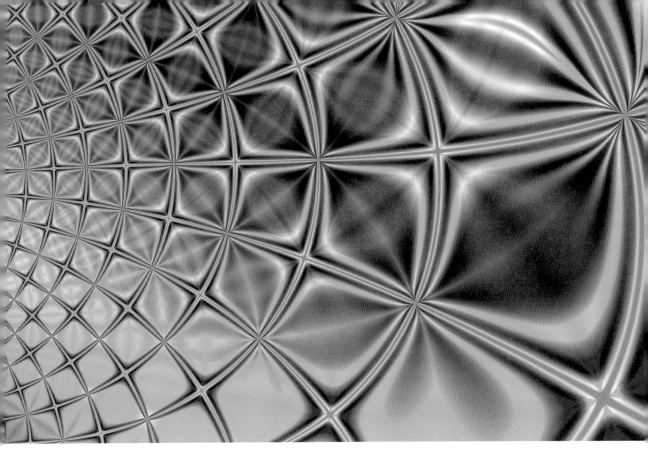

8月19日

人間が永続的な時空パターンであるという事実を表すために，ここに絵を表した。
……食べる，呼吸するという単純な過程が，
世界中の人間一人ひとりを巨大な四次元のタペストリーに織り込んでいく。
どんなに孤独を感じることがあっても，どんなに寂しくても，
全体から現実的には決して切り離されたりはしない。

ルディ・ラッカー
THE FOURTH DIMENSION, 1985

8月20日

現代科学は新参者で，ようやく400歳を迎えたばかりだ。
プラトンやアリストテレス，ギリシャの自然哲学の影響を深く受けながらも，
「新しい哲学」の先駆者たちは，古代の権威からの断固たる決別を求めた。
1536年，ピエール・ド・ラ・ラメーは，
「アリストテレスの言葉はすべて間違いである」
とする挑発的な学説を唱えた。

ピーター・ピーシック
"THE BELL & THE BUZZER: ON THE MEANING OF SCIENCE," DAEDALUS, 2003

8月21日

幾何学が必要とする真実を人間に理解できるように示すことは,
少なくとも人間の知性では不可能なのだと, 私はいっそう確信している。
おそらく別の世界では, 現時点では人類が到達できない宇宙の本質に
新たな洞察が得られるかもしれない。
それまでは我々は, 幾何学を純粋に先験的な算術としてではなく,
力学と同等に考えなくてはならない。

カール・フリードリヒ・ガウス
LETTER TO HEINRICH WILHELM OLBERS, 1817

8月22日

カバンにぐちゃぐちゃに詰め込んだ手紙を，地面にばらまいて，
すばらしいよもやま話になることは，よくあることだろうか？
また，この「世界」という大著のように，小さな本は簡単に偶然につくれないだろうか？
無造作にキャンバスに色づけをして，どれくらいの時間が経てば，
正確な人の絵を描き上げられるだろう？　人間は絵よりも簡単に偶然につくれるだろうか？
2万人もの人々が目隠しをして……歩き回り，ようやくソールズベリー平原で出会い，
軍隊のような正確な順序で列を組むまでに，どれほどの時間がかかるだろうか？
物質の数えきれない見えないパーツが，どのようにして一つの世界にまとまっているか
ということより，こうした疑問の方がずっと容易に想像がつく。

ジョン・ティロットソン
MAXIMS AND DISCOURSES, MORAL AND DIVINE, 1719

8月23日

私たちは，あたかも自然の法則がすべての事象を起こしているかのように話す癖がある。
だが，この法則は一つとしていかなる事象も起こしていない。
運動の法則はビリヤードの球を動かしたりはしない。
何か別のものが……球を動かした後にその動きを分析するのだ。
この法則はどんな事象も引き起こさない。
一つひとつの事象が従わねばならない，ある決まった型を表している。
……よって，奇跡を自然の法則を破るものと定義するのは不正確である。……神が乙女の体に
奇跡となる精子をつくり出した場合，精子はいかなる法則も破ろうとはしない。
……自然は準備ができている。すべての正常な法則に従い，続いて妊娠が起こる……。

C・S・ルイス
MIRACLES, REPRINTED IN THE COMPLETE C. S. LEWIS SIGNATURE CLASSICS, 2002

8月24日

いかなる理論も，実際に自然と一致した客観的な理論にはなり得ない，
……むしろ……理論はそれぞれ，数々の現象を頭のなかに描き出した一枚の絵でしかなく，
理論と現象の関係は，印や記号とそれらが表す実体との関係と似ている。
……このことから考えられるのは，我々の使命は絶対的に正しい理論を求めることではなく，
できる限り単純かつ正確に現象を表す絵を見い出すことである。
一人の人間が，二つの異なる理論を思いつき，それぞれが単純で，
実際に起きている現象と一致するということもあるかもしれない。
このとき，この二つ違いはあれど，等しく正しい理論である。

ルートビッヒ・ボルツマン
"ON THE DEVELOPMENT OF METHODS OF THEORETICAL PHYSICS IN RECENT TIMES," 1905

8月25日

数学者はものを定義するが，そうしないと自分が何を言っているのかわからなく
なるだろう。それは，数学はすべて人類がつくり出したものだからである。
反対に，物理学の実体において，人間がつくり出したものは何もない。
自然ははるか遠く，宇宙が人類やほかの生命体を気にかけているという証拠は，
微塵も見られない。物理学の公式は人類固有のものだが，確かに数学ではある。
だが，だからこそ，世間一般の考えに反して，
物理学者は決して実際に物理的なものを定義しない。

フィンセント・イク
THE FORCE OF SYMMETRY, 1995

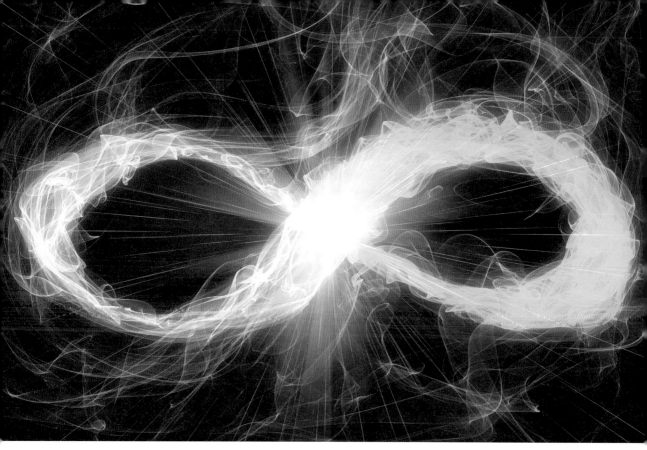

8月26日

この決定論が全能の神によるものであろうと，
科学の法則によるものであろうと，さしたる違いはない。
科学法則が神の意志の顕現であると常に言えることには間違いないのだから。

スティーブン・ホーキング
BLACK HOLES AND BABY UNIVERSES AND OTHER ESSAYS, 1993

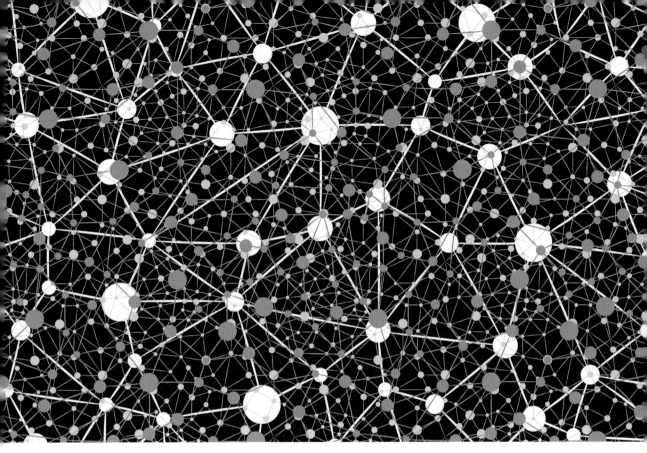

8月27日

　空間を小さな体積の要素に分けるとする。黒と白の分子があり，白い分子を片側に，
黒い分子はもう片側に分けるとすると，各体積要素に分子を分配する方法はどのくら
いあるでしょうか？　また，今度は白，黒の分子をどの体積要素に分配するかに制限を
設けない場合，分子を分配する方法はどのくらいあるのでしょうか？
　明らかに，後者の場合の方が分子を分配する方法の数がはるかに多いです。
外見は同じにして，内部の配列方法の数で「無秩序さ」の度合いを測ってみます。
この配列方法の数の対数がエントロピーとなります。
前者のように白と黒の色によって分けた場合，後者に比べて配列の方法の数は少なく，
よってエントロピーは小さく，「無秩序さ」の度合いも低くなります。

リチャード・ファインマン
"ORDER AND ENTROPY," THE FEYNMAN LECTURES ON PHYSICS, 1964

8月28日

科学において，人類が目指すのは，哲学や神学の偏見にとらわれない，
ありのままの自然の姿を知ることである。
科学的真理の探求とは，人類が感覚的に観察している
絶えず変化する光景の背後にある，不変の現実を探すことだと考える人がいる。
この探求の究極の成果は，自然の一法則すなわちすべての変化を支配しながら
それ自体は決して変化しない超越的実体の一部を理解することだろう。

リー・スモーリン
"NEVER SAY ALWAYS," NEW SCIENTIST, 2006

8月29日

この宇宙全体は，徐々に膨張を止め，収縮期に移行し，
最後にはブラックホールに消えてしまうかもしれない。
まるで曲芸のゾウが自分のお尻の穴のなかに向かって飛び込むように。

マーティン・ガードナー
"SEVEN BOOKS ON BLACK HOLES," SCIENCE: GOOD, BAD, AND BOGUS, 1981

8月30日
誕生日：アーネスト・ラザフォード（1871年生まれ）

ラザフォードは普段の生活でも物理学者としても実直で気取らず，
それが彼の成功の秘密の一つであったことは間違いない。
「私はいつも単純さを信奉してきたし，私自身，素朴な人間である」と
彼は語っている。物理学の原理がウェイトレスに説明できないなら，
問題はウェイトレスにではなく，原理にあるのだと説いていた。

ウィリアム・H・クロッパー
GREAT PHYSICISTS, 2004

8月31日

誕生日：ヘルマン・ルートビッヒ・フェルディナント・フォン・ヘルムホルツ（1821年生まれ）

過去の出来事を一つ変えると，まったく新しい未来が手に入るのか？
新石器時代に小石を投げつければ，アレクサンダー大王の征服の歴史が消せる？
シュメール人の麦を一株引っこ抜けば，アメリカがなくなる？
そんな仕組みで事は動いていないぞ！
時空の連続体は頑強にできていて，変化は連鎖反応以外の何ものでもない。
一つ過去を変えることは未来に向かって変化の波動を起こしたことになるが，
波動は驚くほどの速さで弱まり消えてしまう。
時間抵抗とか，「現実保存の法則」とかって今まで一度も聞いたことないのかい？

フリッツ・ライバー
"TRY AND CHANGE THE PAST," ASTOUNDING SCIENCE FICTION, 1958

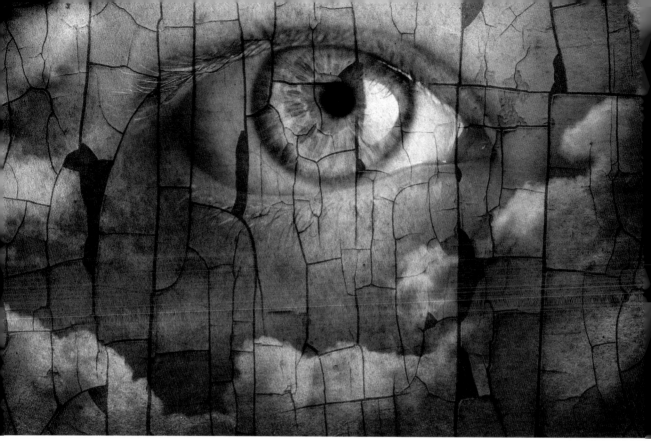

9月1日

ニュートンが目指したのは，ほかならぬ神の隠された意図を明らかにすることだった……。
そのなかでも，世界がいつ終焉を迎えるかを解き明かすことに力を注いだ。
彼は，キリストがやがて復活し，地球上に1000年続く神の国をつくり，
自分が，つまりアイザック・ニュートンが，聖人の一人として世界を治めると
考えていた……ニュートンは黙示録の年を2060年と計算していた。

ジョージ・G・スピーロ
THE SECRET LIFE OF NUMBERS, 2006

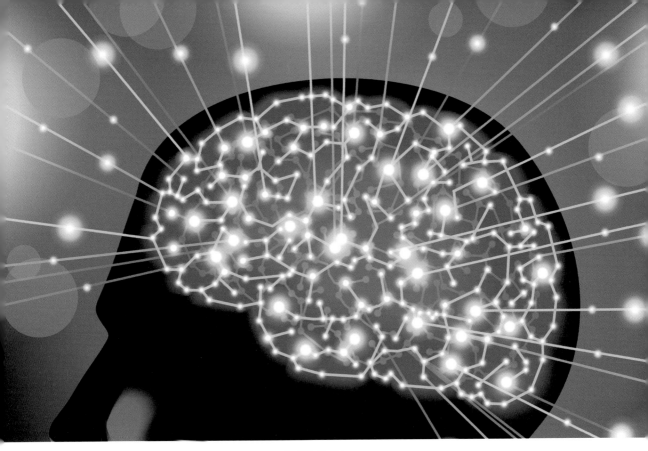

9月2日

一群の自然現象を理解しようとするとき，
科学者は，それらの現象が，人間の理性にも理解できる，
包括的な法則に従っているという仮定から始める。
ここでただちに気をつけねばならないのは，
その仮定が必要条件の余地を一切もたない自明の前提ではないということである。
事実，仮定することにより物質界の合理性を再確認し，つまり，物質的宇宙の構造が
人間の心の動きを支配する法則と共通点があることを認識しているのである。

アーサー・マーチ，アイラ・M・フリーマン
THE NEW WORLD OF PHYSICS, 1962

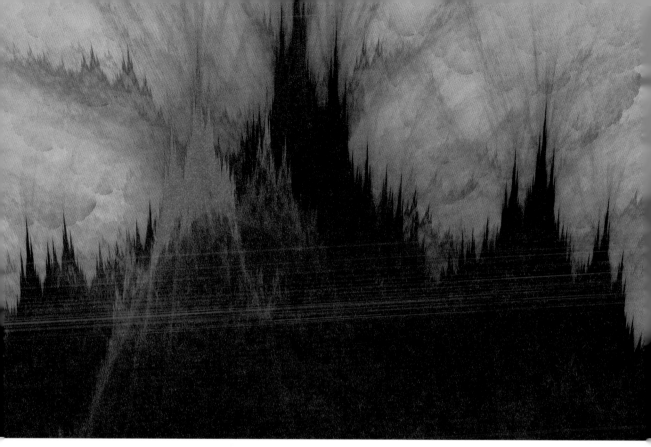

9月3日

ヘルマン・ワイルの言葉によれば,
神は数学に整合性があるから存在する。
悪魔は私たちがその整合性を証明できないから存在する。

モリス・クライン
MATHEMATICAL THOUGHT FROM ANCIENT TO MODERN TIMES, 1990

9月4日

物理学の法則に規則性が与えられていなければ,
物理学の事象を解明することは不可能だろう。
自然の法則に規則性がなければ,
自然法則そのものを発見すること自体，不可能だろう。

ゲルト・バウマン
SYMMETRY ANALYSIS OF DIFFERENTIAL EQUATIONS WITH MATHEMATICA, 2000

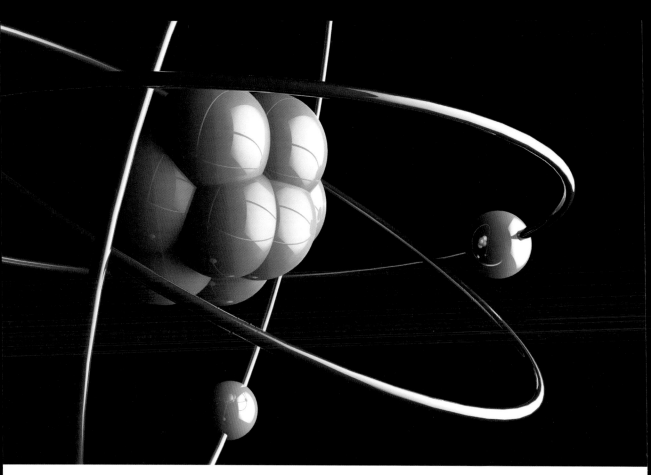

9月5日

物理学では，測定可能な量だけが，あらゆる面において真の意味をもつ。
原子中の電子に「超」顕微鏡の焦点を合わせ，軌道上を移動しているのが
確認できれば，その軌道には意味があると私たちは断言するだろう。
しかし，考えうる限りでつくり得る最も理想的な機器をもってしても，
そのような観察は，基本的に不可能だと言わねばならない。
したがって，電子の軌道は物理学的にまったく意味をもたないと断言できよう。

デビッド・ハリデイ，ロバート・レスニック
PHYSICS*, 1966

9月6日

タイムマシンが自動車のように当たり前になり，何千万台と市場に
出回るようなことになれば，どんな混乱が起きるか想像してみよう。
混乱は瞬く間に大きく広がり，我々の宇宙の構造はハチャメチャになるだろう。
何百万という人々が時をさかのぼって自分の過去や他人の過去をいじくり，
その過程で歴史を書き換えることになる。……そうなると，簡単な調査をしても，
ある時点で人口がどのくらいであったかを知ることは不可能だろう。

ミチオ・カク
HYPERSPACE, 1995

9月7日

かつて私は神学者になろうと思っておりました。
そして長い間，私の心は落ち着きませんでした。
ですが今，努力によって，天文学において，神を栄光に帰そうとしております。

ヨハネス・ケプラー
LETTER TO MICHAEL MAESTLIN, 1595

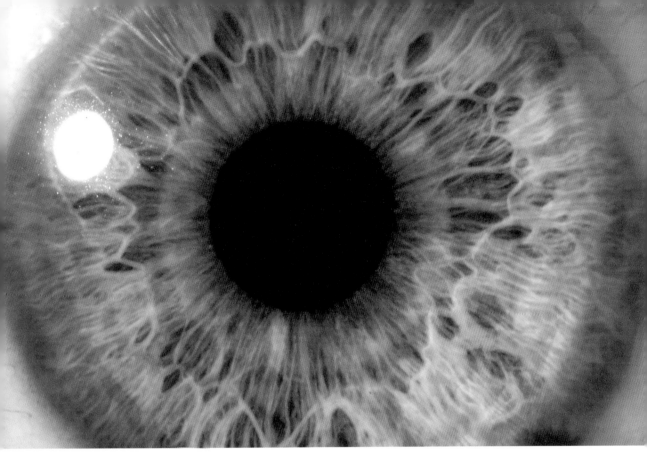

9月8日

アイザック・ニュートンは間違いなく変人であった……。
いつもどこかうわの空であったことは有名だが
（朝起きてベッドから出ようとした途端，突然考えがいくつも湧き起こって
動かなくなり何時間も座っていたという逸話もある），
とんでもない奇妙な行いも彼には平常であった……千枚通し（革を縫い合わせるときに
使う，先が長い針状の道具）を眼窩に突っ込み……どうなるか調べようとしたりした。

ビル・ブライソン
A SHORT HISTORY OF NEARLY EVERYTHING, 2004

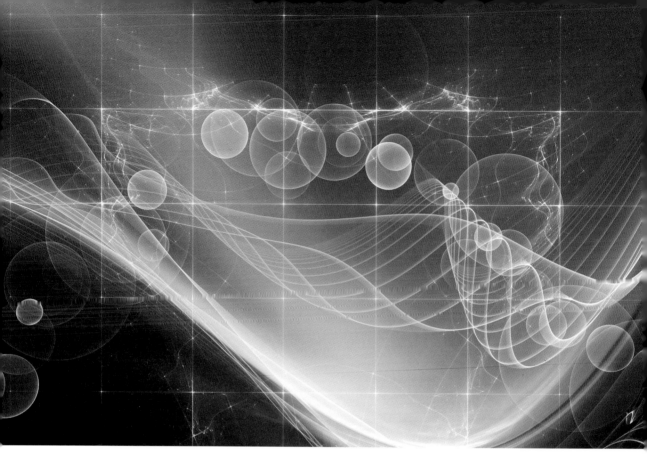

9月9日

宇宙は，幾重にも作用し互いに独立する何組かの規則で動いているように見える。
その自然の基本的な規則のうちで最も明らかな規則は重力であり，
宇宙で最も大きな物体である恒星そして惑星が，みなさんや私を支配している。
科学者たちが明らかにした残り三つの規則は，亜原子レベルで作用している。

ジョン・ボスラフ
STEPHEN HAWKING'S UNIVERSE, 1989

9月10日

不確定性の原理ですら「単なる」哲学ではなく，
電子がもつ現実の性質を予測するものだ。
電子は，一つのエネルギー状態からエネルギーが瞬間的に
不確定になるとき以外には決して到達し得ない別のエネルギー状態に，
ランダムに移行する。この「トンネル効果」によって，
太陽などの多くのプロセスにエネルギーを与える核反応が可能になる。
物理学者たちはこのプロセスの一部を実用化し，超小型電子技術に利用している。

デビッド・キャシディ
"HEISENBERG-QUANTUM MECHANICS, 1925-1927: WHAT GOOD IS IT?," WWW. AIP.ORG

9月11日

シュレーディンガーの理論の物理学の部分について考えれば考えるほど，
私は反発をおぼえます。
……彼が理論のなかで可視化の可能性について述べていることは，
「おそらくそんなに正しくない」
つまり，でたらめだということです。

ヴェルナー・ハイゼンベルク
LETTER TO WOLFGANG PAULI, 1926

9月12日

19世紀の哲学者や信心深い思想家は，
身の回りの対称性や調和に神の存在を見い出した。
たとえば，電磁気現象を記述した古典物理学の美しい方程式のなかに。
僕は自然の複雑性を生み出す単純なパターンを神の存在だとは思わない。
複雑性こそが神なのだ。
数学的な曲線が自ら奏でる音楽に合わせて回転するのを眺めるのは，
すばらしい，スピリチュアルな出来事だ。

ポール・ラップ
（キャスリーン・マコーリフ "GET SMART: CONTROLLING CHAOS," OMNI, 1990 から）

9月13日

自然法則はある存在に基本的な役割を与えている。
その正体はまだよくわかっていないが，現時点での理解では，
その存在は基礎的な量子場であるように思われる。
これらは，対称性によって支配されるため非常に単純である。
また，我々になじみのあるものではない。
実際，時空や因果関係，組成，物質など，我々が普段直観的にもっている概念は，
その尺度で考えるとまったく意味をなさなくなる。だが，まさにその尺度で，
すなわち量子場のレベルで，我々は，ある種の満足いく単純性に気づき始めている。

スティーブン・ワインバーグ
"IS SCIENCE SIMPLE?,"（ダグラス・ハフ，オマー・プレウィット編　THE NATURE OF THE PHYSICAL UNIVERSE, 1979　から）

9月14日

自然に数学的な性質があることを
「宇宙はその説明に数学が便利な方法となるようにつくられている」
という言葉で表す人がいるかもしれない。だが,
物理科学における近年の進歩を見れば,その言葉ではまったく不十分だとわかる。
宇宙に関する説明と数学との関係ははるかに深く,自然をつくり上げるさまざまな
事実を徹底的に調べてみて初めて,その深い関係を知ることができるだろう。

ポール・ディラック
"THE RELATION BETWEEN MATHEMATICS AND PHYSICS,"
PROCEEDINGS OF THE ROYAL SOCIETY (EDINBURGH), 1938-1939

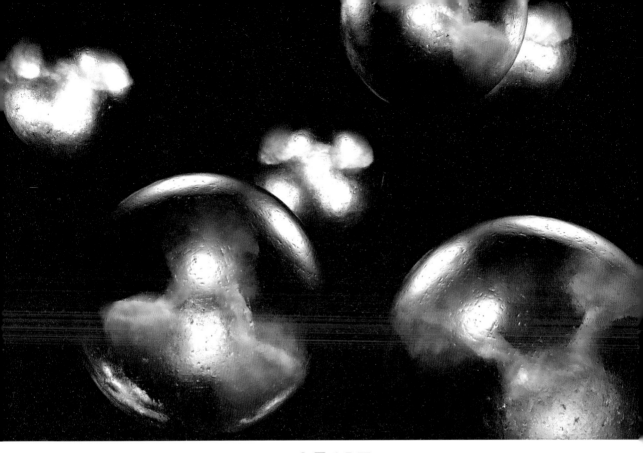

9月15日

誕生日：マレー・ゲルマン（1929年生まれ）

物理学者にとって，クォークを理解することは，世界を理解することである。
それ以外は，そのディテールにすぎない。

ジョゼフ・シュワルツ
THE CREATIVE MOMENT: HOW SCIENCE MADE ITSELF ALIEN TO MODERN CULTURE, 1992

9月16日

過去がもはや存在せず，未来がまだ存在しない場合，
過去と未来はいかにして存在しうるのであろうか？
現在が常に存在し，決して過去に変わらないのならば，
それは時間にはあらず，永遠であろう。

アウグスティヌス
CONFESSIONS, C.398

9月17日

アルキメデスの原理は，運動論の用語を使えば理解できる。
……流体が固体の物体によって押しのけられるとき，流体中の分子は
物体に衝突し，物体が置かれる前と同じ圧力をかけることになる。
物体が完全に流体のなかに沈んでいる場合，流体の分子は，
物体の上部に当たる分子よりも大きな力で物体の下部に当たる。
これが上向きの浮力の分子運動による原因である。

ジェームス・S・トレフィル
THE NATURE OF SCIENCE, 2003

9月18日

誕生日：アドリアン・マリ・ルジャンドル（1752年生まれ）

フィジカル・レビュー誌に送られてくる論文のほとんどは却下される。
理解不能だからではなく，理解可能だからだ。
通常，理解不能な論文が掲載されている。

フリーマン・J・ダイソン
"INNOVATION IN PHYSICS," SCIENTIFIC AMERICAN, 1958

9月19日

科学とは世界の仕組みを解明することであり，実際には2種類に分類される。
一つはすでに規則はわかっているが特定の状況でどのように適用されるかを
解明する科学。もう一つは規則そのものを解明しようとする科学。
後者においては熱力学や量子力学，相対性理論や遺伝情報など，
解明の活動全体を変えるような革命が生じている。
……偉大な問いは，規則を解明するなかに横たわっている。

スティーブン・クーニン
"WHAT ARE THE GRAND QUESTIONS IN SCIENCE?"（ロバート・クーン　CLOSER TO TRUTH, 2000　から）

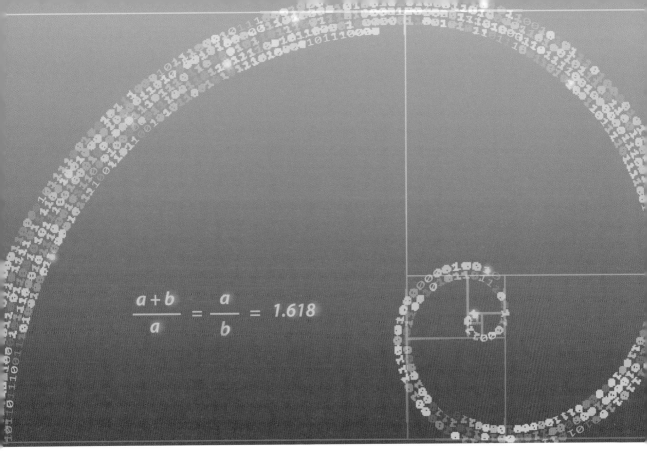

$$\frac{a+b}{a} = \frac{a}{b} = 1.618$$

9月20日

デンマークの伝説の物理学者ニールス・ボーアは真実を2種類に区別した。
その一つ，普通の真実とは，その逆が誤りである主張。
もう一つ，奥深い真実とはその逆もまた奥深い真実である主張だ。

フランク・ウィルチェック
THE LIGHTNESS OF BEING, 2008

9月21日

今日，多くの物理学者はタキオンが存在する確率を
ユニコーンが存在する確率よりも，わずかに高い程度に考えているが，
仮想的超光速粒子の特性に関する研究成果が
まったくなかったわけではない。

ニック・ハーバート
FASTER THAN LIGHT, 1988

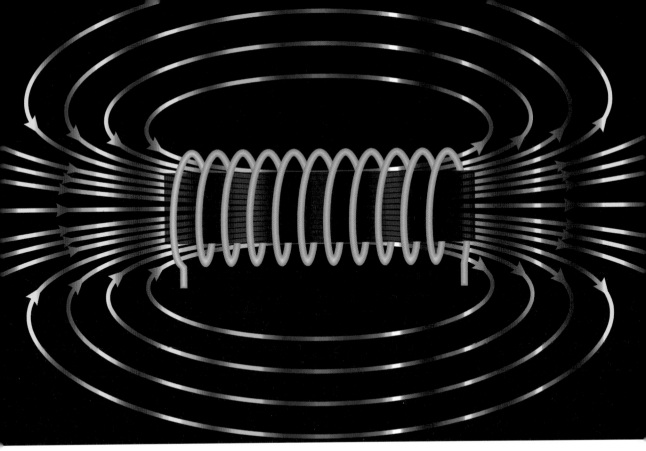

9月22日

誕生日：マイケル・ファラデー（1791年生まれ）

ファラデーはモーツァルトが亡くなった年に生まれた。
親しみやすさという点では，ファラデーの功績はモーツァルトの功績には及ばない。
……だが，現代の生活と文化への偉大な貢献では，モーツァルトと肩を並べる。
……電磁回転と磁気誘導は現代の電気技術の礎となり，
電気，磁気，光に関する統一場理論の骨組みとなっている。
……ファラデーは，物体がもつ最もよく知られる性質は，
物質にではなく全空間に行きわたる力によるものだと主張した。

デビッド・グッディング
"NEW LIGHT ON AN ELECTRIC HERO," TIMES HIGHER EDUCATION SUPPLEMENT, 1991

9月23日

重力を量子論と統合し，自然界のほかの力と統合することに関連する，
発見すべき法則がまださらにあるかもしれない。
だが人類は，ある意味において，これまで実施されてきたいかなる実験結果も
説明できる一連の法則を，歴史上初めて手にしている。

リー・スモーリン
"NEVER SAY ALWAYS," NEW SCIENTIST, 2006

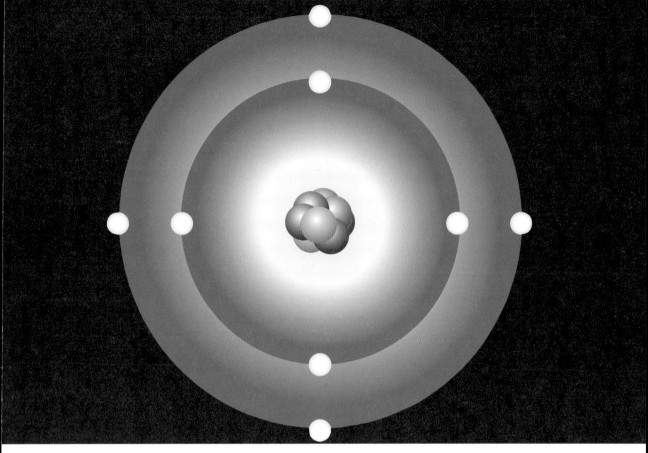

9月24日

量子力学のアルゴリズムは基盤となる量子の世界をどうにかして反映したものと
考えられるかと質問されると，ニールス・ボーアはこう答えたものである。
「 量子の世界など存在しない。ただ，量子物理学による抽象的な説明があるだけだ。
物理学の務めは自然の何たるかを解明することだと考えるのは間違っている。
物理学は自然について何が言えるかを注視しているのだ 」。

オーエ・ペテルセン
"THE PHILOSOPHY OF NIELS BOHR," BULLETIN OF THE ATOMIC SCIENTISTS, 1963

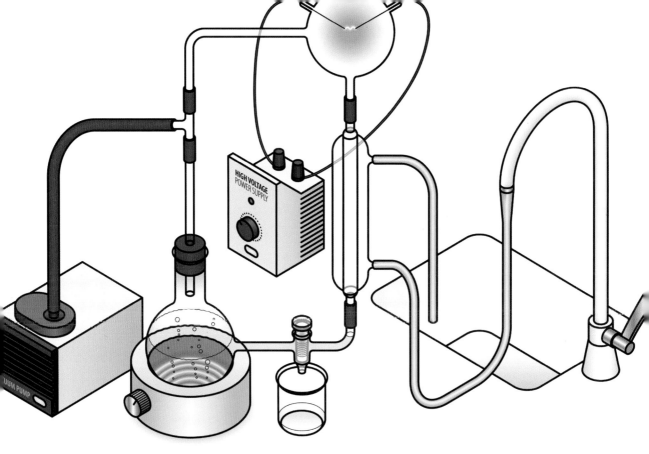

9月25日

死と税金と熱力学の第二法則，これ以外に人生で確かなものは何もない。
この三つはすべて，エネルギーやお金など便利で利用しやすい形をした
ある量のものを，同量の不便で利用しにくい形に変換する過程である。
ただ，これらの過程に付随した利点が生じないというわけではない。
税金は道路や学校の費用を賄い，熱力学第二法則は車やコンピューターを動かし，
物質の代謝を進ませ，死は少なくとも終身雇用の教員職の空きを増やしている。

セス・ロイド
"GOING INTO REVERSE," NATURE, 2004

9月26日

確かに科学には形而上学的な前提がいくつか存在するが，なかでも重要なのは
宇宙は法則に従っているという前提だ。といっても科学では，その法則が
設計されたものなのか否かという疑問が未解決のままとなっている。
これは形而上学的な疑問である。
だが宇宙のすべてもしくは一部が設計されたものだと信じようと信じまいと，
宇宙の仕組みを理解する助けにはならない。

ロバート・トッド・キャロル
"INTELLIGENT DESIGN," THE SKEPTIC'S DICTIONARY, 2003

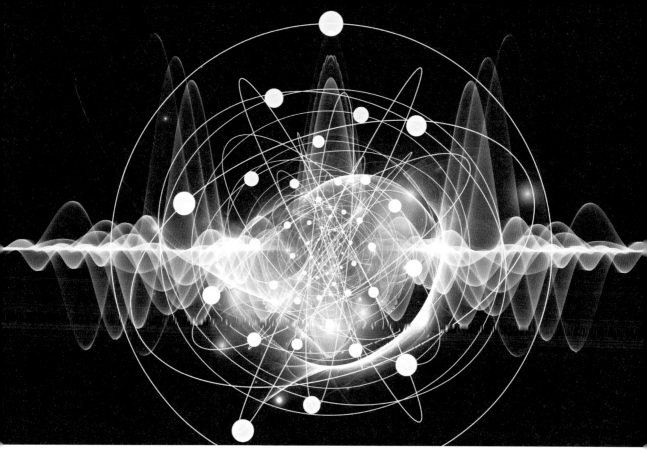

9月27日

原則として科学は検証可能でなければならないが，現代技術の限界を考えると，
検証可能であることと，実際に検証できることとは必ずしも同じではない。
物理学の理論が決定的に確認されるまでに何十年もかかるのはめずらしいことではない。
時には原子理論のように検証が終わるまでに何世紀もかかるものもある。

トム・ジークフリート
"A GREAT UNRAVELING," NEW YORK TIMES BOOK REVIEW, 2006

9月28日

基本法則の真理についての教訓は明確である。
基本法則は実在する物体を支配しない。
支配するのはモデル上の物体だけである。

ナンシー・カートライト
HOW THE LAWS OF PHYSICS LIE, 1983

9月29日
誕生日：エンリコ・フェルミ（1901年生まれ）

数学は現実に深く根差した人間の営みであり，常に現実に立ち返るものだと言ってもよい。
月面着陸からGoogleに至るまで，指折り数えてみると，
私たちは物事を理解し，創造し，処理するために数学を使っている。
……実際，数学者は多かれ少なかれ，人類史に影響を与えてきた。
アルキメデスはシラクサ防衛を助け（地元の暴君も救い），
アラン・マシスン・チューリングはロンメル元帥のベルリン進軍の通信を傍受して暗号を解読し，
ジョン・フォン・ノイマンは効率的爆撃戦術として最高高度爆発を提案したのである。

ユーリ・I・マニン
"MATHEMATICAL KNOWLEDGE: INTERNAL, SOCIAL, AND CULTURAL ASPECTS,"
MATHEMATICS AS METAPHOR: SELECTED ESSAYS, 2007

9月30日

登場人物が過去に入り込むタイムトラベルの話はいつも，必ず過去が変えられる。
この前提がつくり出す，論理的矛盾を唯一解決する方法は，
だれかが過去に入った瞬間に宇宙はたちまち何本かに枝分かれすると仮定することだ。
つまり，古枝の時間が「とうとうと流れる」（エミリー・ディキンソンより引用）間に，
新しい枝の時間は別の方向に，そして別の未来に向かって
とうとうと流れるというわけだ。

マーティン・ガードナー
"CAN TIME STOP? THE PAST CHANGE?" SCIENTIFIC AMERICAN, 1979

10月1日

太陽と惑星が，その間に密度の高い物質をもたずに互いの周りを回るのは
いかなることによるものなのか？
……恒星が互いにほかの上に落ちるのを防ぐのは何ものか？
……それは，無形の，生きて，知性をもつ，偏在する存在で，
無限の宇宙にあって，あたかもその感覚中枢のように，事物そのものを奥底まで見，
それらを完全に理解する存在であることは，諸現象から明らかではないか……？

アイザック・ニュートン
OPTICKS, 1704

10月2日

物理学を大小さまざまな理論に分けることは許しがたいという考えに
保守主義者の一人として，私は賛成しかねる。
これまでの80年間，恒星と惑星の古典的な世界と原子と電子の量子論的な世界に
それぞれ異なる理論が存在する，この状況に私は満足している。

フリーマン・J・ダイソン
"THE WORLD ON A STRING," NEW YORK REVIEW OF BOOKS, 2004

10月3日

歯の妖精は実在するし，物理法則も実在する。野球のルールも実在するし，
野原の岩も実在する。だが，それぞれ実在の意味が異なる。
物理法則が実在するとは……野原の岩が実在するのとほぼ同じ意味であるが
……野球のルールが実在するのとは意味が異なる。物理の法則や野原の岩は
人間がつくり出したものではない……。暗黙の前提として，物理法則に関する記述は
客観的な現実のさまざまな側面と一対一で対応すると私は考えている。
……もしどこか遠くの星に知的生物を発見し，彼らの科学研究を翻訳したなら，
その生物も私たちも同じ法則を発見していることを見い出すだろう。

スティーブン・ワインバーグ
"SOKAL'S HOAX," NEW YORK REVIEW OF BOOKS, 1996

10月4日

自然の永遠の法則が物理学を導くと考えられるように，
オペレーティングシステムは……コンピュータ内の情報の流れを指示する。
とはいえ……自ら時間と共に進化する，また別種の
アーキテクチャやオペレーティングシステムが現れる可能性もある。

リー・スモーリン
"NEVER SAY ALWAYS," NEW SCIENTIST, 2006

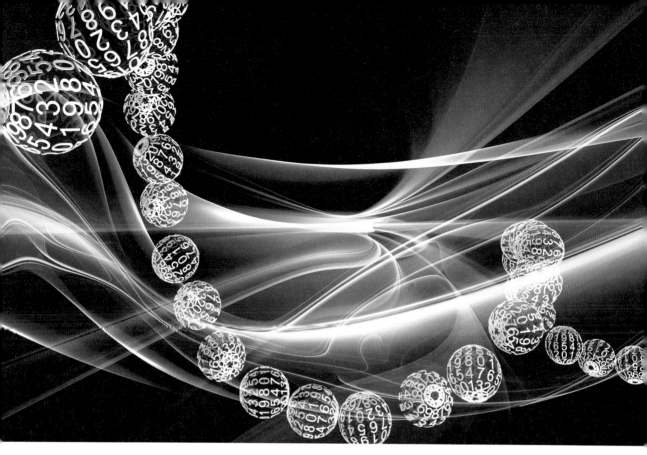

10月5日

神は自然の法則を変え，
宇宙のいくつかの部分に，それぞれの世界をつくることができる。

アイザック・ニュートン
OPTICKS, 1718

10月6日

我々の世界は，飛び跳ねる馬にまたがり，時の声を上げる兵士を
輝かしい勝利へと導く偉大な将校の彫像であふれている。
あちらこちらで寡黙な大理石の板が，科学者が終の安息所を見つけたと語っている。
今から1000年後にはおそらく，人類のやり方も変わり，
その幸福な世代の子どもたちは，
この現代世界を唯一，現実に可能にした抽象的知識への扉を開いた人々の，
誉むべき勇気と，責務への想像も及ばぬほどの献身を知ることになるだろう。

ヘンドリック・ウィレム・ヴァン・ルーン
THE STORY OF MANKIND, 1921

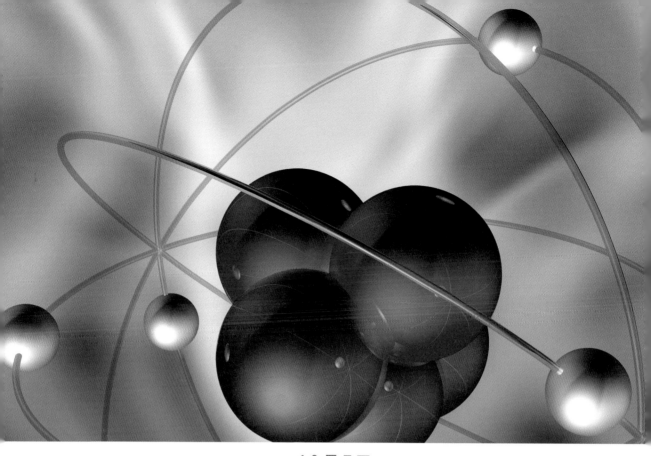

10月7日
誕生日：ニールス・ボーア（1885年生まれ）

ボーアと議論をして，何時間も夜が更けるまで意見を交わし，
ほぼ絶望的な状態に終わってしまったことを覚えている。
議論の後に近くの公園を一人散歩し，私は何度も自問した。
これらの原子実験で見えたように，自然はそれほどまでに不条理なものなのだろうか？

ヴェルナー・ハイゼンベルク
PHYSICS AND PHILOSOPHY: THE REVOLUTION IN MODERN SCIENCE, 1958

10月8日

ヒッグス粒子の存在は海王星や電波と同じ方法で予測されていた。
それは数学である。
ガリレオが宇宙は数学という言葉で書かれた「大きな書物」だと言ったことは有名だ。
……私は……私たちの宇宙は，単に数学という言語で記述されたものというだけでなく，
私たちがみな巨大な数学的物体の一部であるという意味で，
数学そのものであると主張する。
また，この数学的物体は，近年議論されているほかの多元宇宙が
ちっぽけに見えてしまうほど，広大な多元宇宙の一角をなしている。

マックス・テグマーク
OUR MATHEMATICAL UNIVERSE, 2014

10月9日

物理学における私の研究活動の大部分を占めてきたのは，
何か特定の問題の解決に向けて取り組むことではなく，
物理学者たちが使う一種類の数学的な量について調査し，
調べた量を興味深い方法でまとめてみることであった。
その研究が何に応用されうるかはさておき，
これは単純に，美しい数学の探求でもある。
いつの日かこの研究が何かに応用できるとわかることがあるかもしれない。
そうなれば幸運なことだ。

ポール・ディラック
"PRETTY MATHEMATICS," INTERNATIONAL JOURNAL OF THEORETICAL PHYSICS, 1982

10月10日

誕生日：ヘンリー・キャベンディッシュ（1731年生まれ）

惑星の大きさや重さを測定したり，惑星を構成する物質を発見したり，
水の運動から明るさや温かさを計算したり，物質的な宇宙を支配したりするのに，
数学は役に立つかもしれない。
だが，たとえこうした手段を使って人類が火星に着陸し，
木星や土星の住人と会話できたとしても，新たな経験が人々のなかに謙虚さや
事実への敬意，秩序や調和への深い畏敬の念を育み，新しい観察や古い真実に基づく
新たな推論に心を開放されない限り，人間が神の玉座に近づくことは決してない。

エドウィン・A・アボット
THE SPIRIT ON THE WATERS, 1897

10月11日

自然の奥深い探究は，数学的発見の最も豊かな湧泉である。

ジョゼフ・フーリエ
THE ANALYTICAL THEORY OF HEAT, 1878

10月12日

世界はチェス盤で，駒が宇宙で起きている現象，ルールは自然法則だとしよう。
対戦相手の姿は見えない。相手はいつもフェアで我慢強い。
だが，決してミスを見逃さず，容赦なく無知を突いてくることを，
私たちは思い知らされている。

トーマス・ヘンリー・ハクスリー
LAY SERMONS, ADDRESSES, AND REVIEWS, 1888

10月13日

数学者，天文学者，物理学者は宗教心をもっていることが多く，
神秘主義的でさえあるが，生物学者はそれほどには宗教心をもたず，
経済学者や心理学者に至っては宗教心のある者はごく稀である。
それは研究対象が人間そのものに近づくにつれ，反宗教的な偏見が強まるからである。

C・S・ルイス
THE GRAND MIRACLE: AND OTHER SELECTED ESSAYS
ON THEOLOGY AND ETHICS FROM GOD IN THE DOCK, 1986

10月14日

ニュートンの運動法則や万有引力の法則，スネルの法則，オームの法則，
熱力学の第二法則，自然選択の法則——「自然法則」として一般的によく引用される
主張はどのように位置づけられているのだろう？
よく調べれば，これらの法則が普遍的でもなければ必要でもなく，
そして真ですらないことは明らかだと思われる。

ロナルド・N・ギア
SCIENCE WITHOUT LAWS, 1999

10月15日
誕生日：エバンジェリスタ・トリチェリ（1608年生まれ）

流量が……圧力差や管の長さ，粘度に左右されることは別段驚きでも何でもない。
水圧が低かったりホースが長かったりするとバケツを水で満たすのに
時間がさらにかかったり，粘り気のあるシロップがビンから
ゆっくり流れ出たりするのは，だれもが観察して知っている。
だが，流量が管の直径の四乗に影響を受けることは，
意外と知られていないかもしれない。

ルイス・A・ブルームフィールド
HOW THINGS WORK: THE PHYSICS OF EVERYDAY LIFE, 1997

10月16日

彼は彼女を長い時間見つめ，彼女は彼が彼女を見ていることを知っていて，
彼は彼女が，彼が彼女を見ていることを知っていることを知っていて，
また，彼は彼女が，彼がそれを知っていることを知っていた。
これは，二つの鏡を向かい合わせたときに得られる像の回帰と同じで，
互いの鏡に映る像が，ある種の無限性をもっていつまでも続いていくのである。

ロバート・M・パーシグ
LILA, 1991

10月17日

ニュートンの生涯をほんの少し調べただけでも，
近代の科学者という理想的なモデルというイメージには収まらない。
……ギリシャ神話のイアソンの金羊毛，ピタゴラスの倍音，
ソロモン神殿に関する専門家として知られるニュートンは，
貨幣の製造や頭痛の治療法についても助言を求められていた。
……自ら率いる研究室チームをもたず……
そして一歩たりともイングランド東部を出ることはなかった。

パトリシア・ファラ
NEWTON: THE MAKING OF GENIUS, 2002

10月18日

物理学の方程式は美しい。
野球ボールが地面と空の間で放物線状の弧を描く仕組みや，
電子が原子核の周りを飛び回る仕組み，
磁石がピンを引っ張る仕組みなどを記述している。
ただ，式の内部は醜悪だ。
なぜトップクォークはボトムクォークの約40倍の重さがあるのだろう……？

ジョージ・ジョンソン
"WHY IS FUNDAMENTAL PHYSICS SO MESSY?," WIRED, 2007

10月19日

誕生日：スブラマニアン・チャンドラセカール（1910年生まれ）

科学者のなかには無限性に悩まされる者たちもいる。
私たちの宇宙の理論でも面倒なところでひょいと顔を出してくるようだ。
ブラックホール……の，まさにその中心にあるものも無限である。

フレッド・アラン・ウルフ
PARALLEL UNIVERSES, 1988

10月20日

宇宙にあるすべてのものが理解可能なものだという事実が意味するところは，
人類が非常に知的であるか，自然の基本がいたって単純であるかのどちらかだ。
人類がチンパンジーの一種で，両耳の間にわずか1kgのドロドロしたものを
抱えた生き物であるとするならば，私は後者の意味と考える。

フィンセント・イク
THE FORCE OF SYMMETRY, 1995

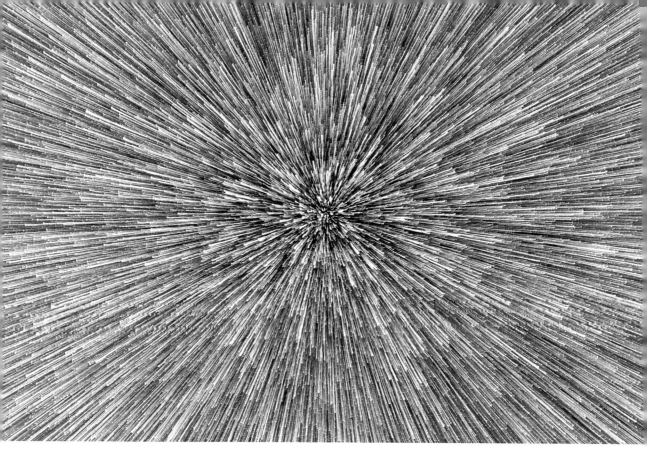

10月21日

ほぼ間違いなく，これまでの宇宙論上の発見でもっと重要な発見は，
宇宙が膨張しているという発見である。
コペルニクスの原理や……夜空は暗いというオルバースのパラドックスともに……
現代宇宙論の礎の一つとなっている。
この発見は，宇宙論者たちにダイナミックな宇宙モデルを求め，
また，宇宙に関するタイムスケールや年齢の存在を示唆している。
この発見は……地球から近傍の銀河までの距離を推定した
エドウィン・ハッブルによって可能となった。

ジョン・P・ハクラ
"THE HUBBLE CONSTANT," CFA.HARVARD.EDU, 2008

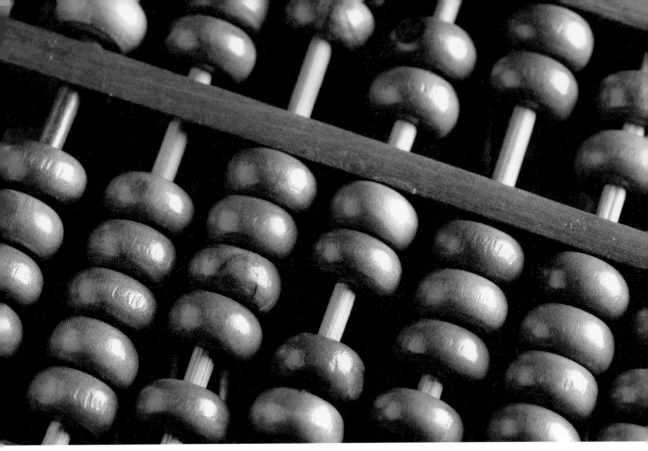

10月22日

物理法則の定式化に数学用語が適しているという奇跡は，
人類が理解し得ない，また分不相応な，すばらしい贈り物である。
私たちはその贈り物に感謝しなければならないし，
今後の研究にもその奇跡が有効で，善かれ悪しかれ，喜ばしくも，たとえ面倒でも，
さまざまな学問に広がりゆくことを願うべきである。

ユージーン・P・ウィグナー
"THE UNREASONABLE EFFECTIVENESS OF MATHEMATICS IN THE NATURAL SCIENCES,"
COMMUNICATIONS ON PURE AND APPLIED MATHEMATICS, 1960

10月23日

人間はみなマクスウェルの悪魔のように振る舞う。……郵便物の仕分け，砂の城づくり，
ジグソーパズルの完成，もみ殻から小麦の選別，チェスの駒の並べ直し……
知性を応用できる限り，それほどエネルギーを要しない作業だ。
当のマクスウェルの悪魔は一度に分子を一つ区別し，速い分子と遅い分子に分け，
小さな出入口を操作し，「超知能」と呼ばれたりもするが，
実在する生物に比べればオタクな専門家だ。生物は環境の無秩序を軽減し，
さらには自身が骨や肉，小胞や皮膜であり，殻や甲羅，葉や花，循環系や代謝経路であり
——パターンと構造という奇跡なのだ。
エントロピーの抑制は宇宙における人類の非現実的な目標のように見えたりもする。

ジェームズ・グリック
THE INFORMATION, 2011

10月24日

誕生日：ヴィルヘルム・ヴェーバー（1804年生まれ）

宗教の歴史と同じく，科学の歴史の大部分も
金と権力に突き動かされた闘いの歴史である。
だが，それだけではない。
宗教と科学のいずれにおいても，真の聖人が時に重要な役割を果たしている。
……多くの科学者にとって，……科学者であることの特恵は
お金や権力ではなく，自然が見せる超越的な美を垣間見ることのできる
偶然に出合えることである。

フリーマン・J・ダイソン
（ジョン・コーンウェル編 THE INTRODUCTION TO NATURE'S IMAGINATION, 1995　から）

10月25日

虚時間はもう一つの時間方向であり，通常の実時間とは直角に交わります。
私たちはこの一次元的な線状の時間の振る舞いから離れることができます。
……通常の時間は人類が心理学的理由からつくり出した派生概念と言えるでしょう。
たとえば宇宙を説明するとき，地球の表面地図のような静止画としてよりも，
時間の流れのなかのひと続きの事象であると言えるように，
私たちは通常の時間をつくり出しています……。
時間はまさに空間のなかのもう一つの方向のようなものです。

スティーブン・ホーキング
INTERVIEW, PLAYBOY, 1990

10月26日

ニュートンの科学における業績の大部分はまさにガリレオの発見を礎としているが，
ガリレオがこの世を去り，ニュートンが生まれた1642年という年は
重要な意味をもつ。1564年に生まれたガリレオは80歳近くまで生きた。
替わって生まれたニュートンは85歳近くまで生きた。
二人の時代をつなぐと，科学革命で起きたさまざまな出来事が
事実上その時期にすっぽり収まる。
二人の研究が手を結び，科学革命の中核を担っていた。

リチャード・S・ウェストフォール
NEVER AT REST: A BIOGRAPHY OF ISAAC NEWTON, 1980

10月27日

宇宙には天があり，それは秩序ある天である。
宇宙には風雨はなく，規則性がある。
したがって予測可能だ……宇宙にあるものすべてが物理学の法則に従っている。
この法則を知り，従えば，宇宙はやさしくもてなしてくれるだろう。
人類は宇宙の一員ではないなどと言ってはいけない。
人類はいつでも，どこでも，うまくやっていけるだろう。

ヴェルナー・フォン・ブラウン
"SPACE: REACH FOR THE STARS," TIME, 1958

10月28日

超弦理論は，膜理論，いわゆるＭ理論と呼ばれる理論に統合されつつある。
この理論を裏づける経験的な実証は皆無である。
私はこの理論を部分的にしか理解していないが，
それでもプトレマイオスの周転円に匹敵する印象を受けている。
現在，Ｍ理論はますます複雑化している。

マーティン・ガードナー
("INTERVIEW WITH MARTIN GARDNER," NOTICES OF THE AMERICAN MATHEMATICAL SOCIETY, 2005 から)

10月29日

大勢の学者が，自然の基本法則は
なぜかくも都合よく方程式で記述できるのか，という謎に悩んできた。
これほど多くの法則が，一見無関係に見える二つの量（方程式の右辺と左辺）が
完全に等しくなることを，絶対的な条件として表せるのはなぜだろうか？
そもそも，なぜ基本法則が存在するのかさえはっきりしないのだ。

グレアム・ファーメロ
IT MUST BE BEAUTIFUL　前書, 2003

10月30日

独立して存在しているすべての原子は，
最初に自分がどの運動の法則を満たすかを選択する力をもっていた。
つまり，原子はみな無限の空間を通じて伝えられる神秘的かつ普遍的な一致性に従って，
……重力の法則と重力の強さについて互いに合意し，
それ以来確実にその合意を守り続けてきた。
この主張が馬鹿げて見えるならば，無神論者が責むるべきは自分たちのほかにない。
自分たちの信じる生来の力の教義を何か別な方法を使って
平易な英語で伝えられないのだから。

ヘンリー・アウグストゥス・モット
THE LAWS OF NATURE AND MAN'S POWER TO MAKE THEM SUBSERVIENT TO HIS WISHES, 1882

10月31日

大は十宙は自し微調型じさんのかししれない。
物理学の法則が物理的な宇宙以外には存在せず
むしろ物理的宇宙の一部であると仮定すると，
法則の正確性は，宇宙の全情報量から計算できる範囲内に限定される。
宇宙の情報量は規模に限界があることになり，
したがってビッグバン直後，宇宙がまだ限りなく小さかったころは，
自然法則にもまだ揺れ動く部分や不正確さが存在していた可能性がある。

パトリック・バリー
"WHAT'S DONE IS DONE . . . OR IS IT?," NEW SCIENTIST, 2006

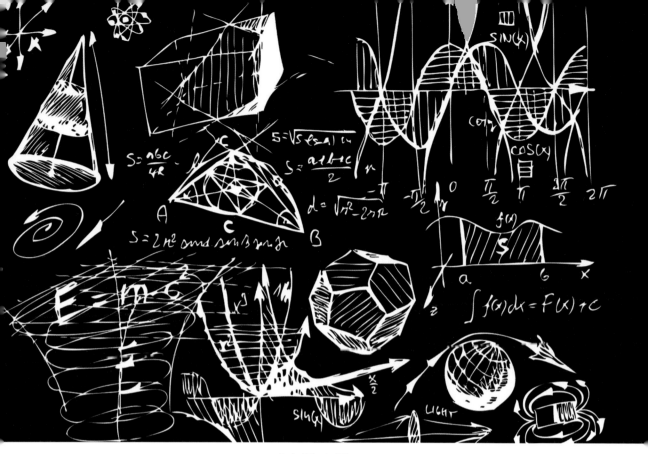

11月1日

もし我々の自然の抽象化が数学的であるとするなら，
我々はどのような意味で宇宙を理解したと言えるのだろうか？
たとえば，ニュートンの法則は，
どのような意味で物体が運動する理由を説明していることになるだろうか？

ローレンス・M・クラウス
FEAR OF PHYSICS, 1993

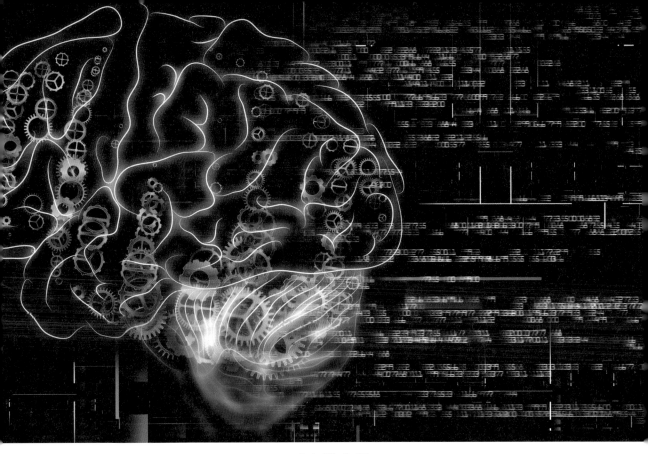

11月2日

私たちは自分の思考に従って現実を見ています。
つまり，思考は，私たち自身そして現実全体のそれぞれ対し，
それぞれ具体的な形をつくり出し，その形に輪郭を与える過程に絶えずかかわっているのです。
ところが，思考自体はこのことを知りません。
思考は自分では何もしていないと思っています。実はこれが問題だと私は考えます。
思考がこの現実の一部であり，私たちは，自分が現実について考えているだけではなく，
現実そのものを考え出しているのだということを認識しなければなりません。
この違いがわかるでしょうか？

デビッド・ボーム
リー・ニコル編　ON CREATIVITY, 1996

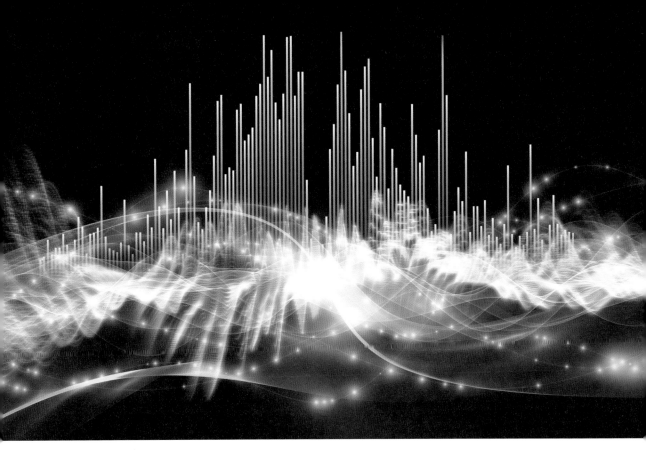

11月3日

物理学は，まさに究極の簡潔さの探求以外の何ものでもないが，
これまでのところ人類が手に入れたのは，優美な乱雑さのようなものだけである。

ビル・ブライソン
A SHORT HISTORY OF NEARLY EVERYTHING, 2004

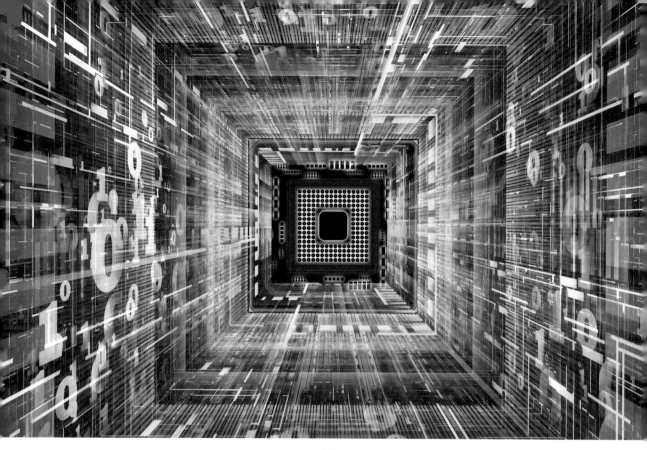

11月4日

観測できないなら，すなわち原則として観測不可能ならば，
それは科学には入らないとする哲学がある。
間違いを指摘したり確認したりすることができないなら，
占星学やスピリチュアリズムと共に，その仮説は形而上学的な思索の領域に属する。
その基準では，宇宙の大部分は科学的実体をもたないことになり，
つまり，宇宙は私たちの想像が生み出した架空の存在でしかないことになる。

レオナルド・サスキンド
THE BLACK HOLE WAR, 2008

11月5日

優れた理論物理学者ならだれしも，まったく同一の物理学の内容に対して
六つか七つの理論を知っています。
そのすべてが同等で，その段階ではだれも，どれが正しいかを
決められないであろうことも知っていますが，推測の際にさまざまな
考えをもたらしてくれることを期待して頭のなかに残らず置いておくのです。

リチャード・ファインマン
THE CHARACTER OF PHYSICAL LAW, 1965

11月6日

デカルトとニュートンは共に，自然の法則は神が定めたものだと捉えていた。
……この古来の見方によれば，物質的なものは，それ自体が力をもたないため
自然法則に従って作用する運命にあり，
唯一，神や人間の精神，天使などの霊的な存在のみが，
自らの力で行動できるとされていた。
……18世紀に入ると，神の命令理論を世俗化した考え方が生まれた。
この時代の自然哲学者のなかには，神をすべての力と秩序の源と考えず，
自然の営みの源泉は「自然の力」であると説き始める者が現れた。

ブライアン・デビッド・エリス
THE PHILOSOPHY OF NATURE: A GUIDE TO THE NEW ESSENTIALISM, 2002

11月7日

誕生日：マリア・サロメア・スクウォドフスカ・キュリー（1867年生まれ），リーゼ・マイトナー（1878年生まれ）

最も明確な科学に生涯を捧げた一人として，
私が原子に関する研究結果として言えるのはこれだけです。
物質というものは存在しません。
原子の粒子に振動をもたらし，原子のもつ最も微細な太陽系構造を一つにまとめる，
ある力によってのみ，すべての物質は生じ，存在しています。
この力の背後には意識のある，知的精神の存在があると考えねばなりません。
この存在こそが，すべての物質を生み出す母体なのです。

マックス・プランク
"DAS WESEN DER MATERIE (THE NATURE OF MATTER)," LECTURE, FLORENCE, ITALY, 1944

11月8日

この世界を二次元の「フラットランド」と呼ぼう。
普段そう呼んでいるからではなく、二次元のペーパーランドに住む繁栄あんま、みたいなふみさんに
世界の本質を明確に伝えるために，この呼び名を使おう。
巨大な1枚の紙があると想像していただきたい。
紙の上には直線や三角形，正方形，五角形，六角形とさまざまな形が存在し，
一点にとどまらず，表面を自由に動き回る。
ただし影のように立ち上がったり沈み込んだりする力はない。
これで私の国と住人の姿をかなり正確に理解できるだろう。ああ！　数年前なら「私の宇宙」
と呼んだのだろうが，私の心は今すでに，より高い次元の見方に目覚めてしまっている。

エドウィン・A・アボット
FLATLAND: A ROMANCE OF MANY DIMENSIONS, 1884

11月9日

以前に執筆した私の著書『*Gravitation*』(重力)から引用すると，
「時空は物質にいかに動くかを伝え，物質は時空にいかに曲がるかを伝える」。
すなわち，少量の物質(もしくは質量，エネルギー)は自らが存在する
曲がった時空の命令に従って動く。
……同時に，同じ少量の質量もしくはエネルギー自体が
あらゆる場所で時空のひずみに影響を及ぼしている。

ジョン・A・ホイーラー(協力：ケネス・W・フォード)
GEONS, BLACK HOLES, AND QUANTUM FOAM, 2000

11月10日

哲学であると同時に穏やかな空想であり，実用的な物理学であると同時に
世にも恐ろしい兵器である $E = mc^2$ は，技術的な知識の代名詞と化した。
我々の科学の野望や，理解へ馳せる夢，破壊の悪夢，そのすべてが
走り書きのわずかな文字に凝縮されている。

ピーター・ガリソン
"THE SEXTANT EQUATION," （グレアム・ファーメロ IT MUST BE BEAUTIFUL, 2003　から）

11月11日

原子をつくるのに1時間とかからなかったが，
恒星や惑星をつくるのに数百万年かかった。
だが，人間をつくるのに50億年とは！

ジョージ・ガモフ
THE CREATION OF THE UNIVERSE, 1952

11月12日

宇宙の本質を理解したいと願うなら，人間には隠された内なる強みがある。
それは，私たち自身が宇宙のわずかな一部であり，
その答えを自らの内に抱いているということだ。

ジャックス・ボワバン
THE SINGLE HEART FIELD THEORY, 1978

11月13日

もし自然を超越した存在の神に対して，
神が稀に自然界に入り込み，それが奇跡に見えたとしても，
神に矛盾するものは何もありません。
神が自然法則をつくったのなら，それを破らねばならない特別重要なときに
神自身が法則を破れないことがあるでしょうか？

フランシス・コリンズ
"GOD VS. SCIENCE" (INTERVIEW), TIME, 2006

11月14日

自然法則とは，宇宙のどこででも成立する物理学の基本法則を言う。
……数はわずかだが，$F(x,t) - m(x) \cdot d^2 s(x,t)/dt^2$ などがあり，
もう一種類の自然法則は特殊な力の法則で，重力や電気力の古典的な法則などがある。
……自然法則は厳然として真である……だがどの力が作用するかを特定しないので，
それ自体が現実の系に適用できないという一面もある。対して系の法則は……
ある時間間隔Δt における特定の種の特別な系に対して有効な法則を指す。
すべての力の仕様を含むあるいは仕様に基づいている。……古典物理学の系の法則では，
ケプラーの惑星の楕円軌道の法則やガリレオの落体の法則，古典的な波動の方程式がある。

ゲルハルト・シュルツ
"NORMIC LAWS, NON-MONOTONIC REASONING, AND UNITY OF SCIENCE,"
（S・ラーマンほか編 LOGIC, EPISTEMOLOGY, AND THE UNITY OF SCIENCE, EDITED BY S. RAHMAN ET AL., 2004 から）

11月15日

人間とのかかわりを抜きに宇宙について考えるのは不可能だという点で，
私たちはみな，本質的なパラドックスに直面しているようです。
観測者という概念なしには，言語も，科学法則や数学でさえも，
人間がその意味を理解することは不可能であり，しかもさらに，
人類が生命としてかなり後に追加された生物であることは重々わかっています。
宇宙は人類よりもはるか以前よりここに在り，
人類よりもさらに後までここに在り続けるのでしょう。

マイケル・フレイン
"ALL THE WORLD'S A STAGE," INTERVIEW WITH LIZ ELSE, NEW SCIENTIST, 2006

11月16日

ある夜，月影に照らされ，私たちは，ゲッティンゲンにほど近い
ハインベルク山の山路をくまなく歩いた。
ハイゼンベルクは思いついた考えにすっかり夢中で
自分の最新の発見を私に説明しようとしていた。
創造の根源の原型としての対称性の奇跡について，調和について，
簡潔性の美しさについて，その内なる真実について彼は語って聞かせた。
それは私たち二人にとって人生最高の時間であった。

エリザベス・ハイゼンベルク
INNER EXILE, 1984

11月17日

この世界を，神々が指すチェス・ゲームにたとえてみましょう。
私たちは見物人です……ずっと見ていれば，少しはルールがわかってくるでしょう……
しかし，なぜその手を打つのかは理解することができません。
複雑すぎるし，私たちの知性をはるかに超えています……
もっと簡単な，ゲームのルールは何かという問題に，的を絞るほかありません。
ルールがわかったときに，私たちは世界を「理解した」と考えることでしょう。

リチャード・ファインマン
THE FEYNMAN LECTURES ON PHYSICS, 1964

11月18日

方程式というものは，永続する普遍的な真実についての識別力をもつ一方で，
極めて人間的に，偏って書き表されている。
それこそが，それぞれの方程式を非常に詩に似たものにし，
無数の実体を有限の存在にとって理解できるものにしようとする，
驚くほど芸術的な試みにしている。

マイケル・ギレン
FIVE EQUATIONS THAT CHANGED THE WORLD, 1995

11月19日

自分では際立ってたくましいと思っていなくても，
平均的な体格の成人であれば，つつましい体でもそのなかに
7×10^{18} ジュールの潜在的エネルギーを抱えている。
巨大な水素爆弾30個分に相当するエネルギーである。
エネルギーの解放のし方を知っている。
ただし，どうしてもそうしたければの話だが……。

ビル・ブライソン
A SHORT HISTORY OF NEARLY EVERYTHING, 2004

11月20日

誕生日：エドウィン・ハッブル（1889年生まれ）

銀河系外にある星雲が我々の人陽と惑星を含む銀河系に似た
巨大な恒星系であることを発見したとき，ハッブルは銀河の世界を科学に開け放った。
だが，彼の最も重要な発見は，銀河のスペクトルの赤方偏移[*]である。
宇宙は昔もっと小さかった。……宇宙の爆発による始まりがその後の進化を決定づけ
人類が誕生した。……こうしたことから，天文学者たちはエドウィン・ハッブルを
コペルニクスやガリレオ・ガリレイと同等に位置づけている。

アレクサンダー・S・シャロフ，イゴール・D・ノビコフ
EDWIN HUBBLE, THE DISCOVERER OF THE BIG BANG UNIVERSE, 2005

＊ 赤方偏移：天体の発する光（光源）の波長が伸びて観測される現象のこと。

11月21日

本質的なことは，現在の科学が自然について描き出す絵は
すべて数学的なものになる……という事実にすぎない。
……自然と，我々の意識的な数学的思考が
同じ法則に従って働いていることに議論の余地はない。

ジェームズ・ホップウッド・ジーンズ
THE MYSTERIOUS UNIVERSE, 1930

POSTA ROMANA

55^B

400 ANI DE LA NASTERE
1971

KEPLER

VLASTO

11月22日

『*Mysterium cosmographicum*』（『ミステリウム・コスモグラフィクム』；宇宙の秘密）
という自著の天文学書が主軸とする考えが間違っていたにもかかわらず，
ケプラーは，天文現象に物理学的説明を求めた，
最初の科学者としての地位を確立した。
それほどに間違いを含む書物が，科学の将来の方向性を示すうえで
多大な影響を与えた例は，歴史上まずない。

オーウェン・ギンガリッチ
"KEPLER," DICTIONARY OF SCIENTIFIC BIOGRAPHY, 1981

11月23日

宇宙が明確に定義された法則に従って進化するという考えは
今や一般的に認められている。
その法則は神が定めたのかもしれないが，
法則を破るために神が宇宙に介入することはないようだ。

スティーブン・ホーキング
BLACK HOLES AND BABY UNIVERSES AND OTHER ESSAYS, 1993

11月24日

科学の詩情は，ある意味で偉大な方程式などに宿る。

これらの数式はまた，何層ものつくりになっている。

だが各層は意味を表わさず，特性と結果を表わす。

数式が自然の作用にまったく影響を与えない宇宙を想像することも

まったく可能である。

しかし，数式が影響を与えているという驚くべき事実は変わらない。

グレアム・ファーメロ
IT MUST BE BEAUTIFUL 前書, 2003

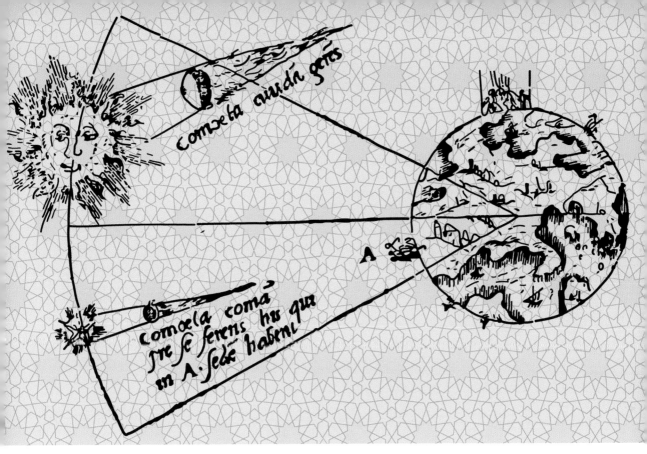

11月25日

今日知られている物理学の法則のなかで
（量子力学の一般原理のうち可能な例外を除いて）
厳密に，普遍的に有効なものは存在しない。
にもかかわらず，
これらの法則の多くはなんらかの最終の形に落ち着き，
ある特定の状況において有効性を示している。

スティーブン・ワインバーグ
"SOKAL'S HOAX," NEW YORK REVIEW OF BOOKS, 1996

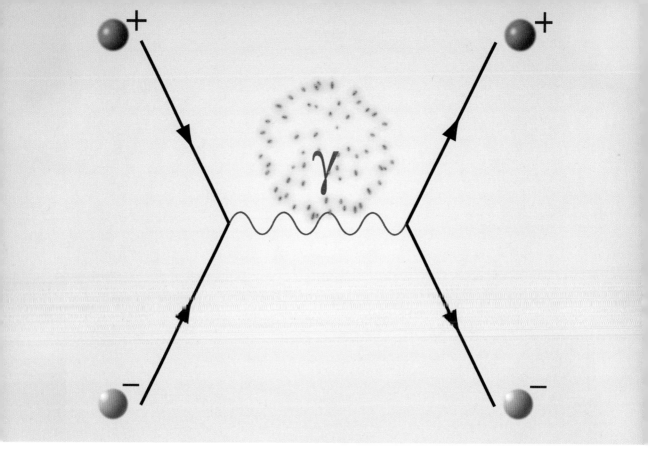

11月26日

もし自分の反物質体が自分めがけて駆けてくるのが見えたら，
抱きしめる前によく考えてみることだ。

J・リチャード・ゴット三世
TIME TRAVEL IN EINSTEIN'S UNIVERSE, 2001

11月27日

ニュートンは理性の時代の最初の人物ではなかった。
彼は最後の魔術師であり，最後のバビロニア人かつシュメール人であり，
1万年ほどにはならない昔に人類の知的遺産を築き始めた人々と同じ目で，
可視的および知的世界を眺めた最後の偉大な人物であった。
……ニュートンは，宇宙全体と宇宙のなかにあるすべてを謎として，
純粋な思考を特定の証拠に用いることで読み解くことのできる秘密として，
すなわち神が世界に哲学者の宝探しめいたものを許すためにあちこちに置いた
神秘の手がかりとして捉えていた。
……宇宙を全能の神がつくり出した秘密の暗号と考えていた。

ジョン・メイナード・ケインズ
"ESSAYS IN BIOGRAPHY: NEWTON, THE MAN," THE COLLECTED WRITINGS OF JOHN MAYNARD KEYNES, 1972

11月28日

天地創造の前，神のお気に入りは純粋数学だった。
天地ができると，その喜びは応用数学に変わったと思われた。

ジョン・エデンサー・リトルウッド
A MATHEMATICIAN'S MISCELLANY, 1953

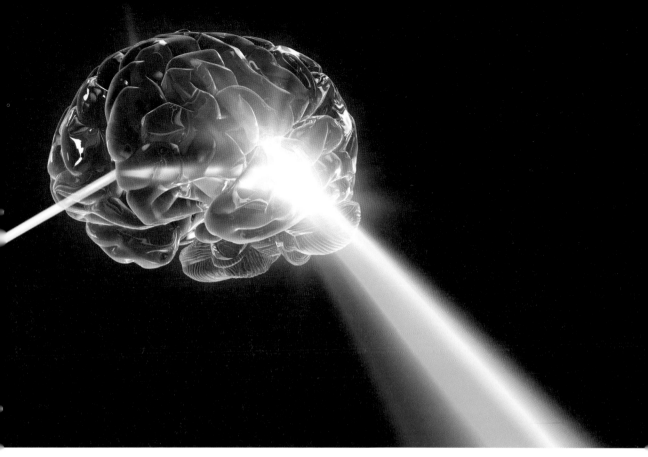

11月29日

誕生日：クリスチャン・ドップラー（1803年生まれ）

枕元を照らすは，
月と，あたりに瞬く星々，そこから見えし
前室には一つの像，
プリズムをもつ静謐（せいひつ）な面もちのニュートン立つ
偉大なる精神の大理石の標（しるべ）はとこしえに
未知なる思考の大海を進まん，ただ独りにて。

ウィリアム・ワーズワース
THE PRELUDE, BOOK III, 1805

11月30日

般相対性理論によれば，運動の法則は
あらゆる慣性座標系もしくは加速度座標系で表すことができる。
したがって，天動説のモデルと地動説のモデルのどちらを選ぶかは，
どちらが正しいか間違っているかという問題ではなく，
慣習と利便性において何を選ぶかという問題である。
何が仮定モデルとされ，何が慣習であるかが常に明確であるとは限らない。

バイロン・K・ジェニングス
"ON THE NATURE OF SCIENCE" PHYSICS IN CANADA, 2007

12月1日

自然の法則の多くはそれ自体が，さらに深い法則によってほかとつながっており，
その深い法則はまたさらに深く……とつながっていることがわかる。
最終的に，その網の目のまさしく中心には，全体の枠組みをまとめる
比較的少数の法則があることがわかる……。それは時として「自然法則」と呼ばれる。
……『動物農場 *』の言葉を借りれば，すべての自然法則は平等であるが，
ある法則はもっと平等である。……むろん，我々の技術の核たる原理の
正確な内容については，科学者の間にいまだ普遍的な一致を見ていないが，
それらの原理の存在に同意しない科学者を見つけるのは至難の業だろう。

ジェームス・S・トレフィル
THE NATURE OF SCIENCE, 2003

*『動物農場』（原題：*Animal Farm*）：1945年に刊行されたジョージ・オーウェルの小説。

12月2日

物理学者は，十分注意して使えば，
数学が真理への確かな道となることを認識するようになった。

ブライアン・グリーン
THE FABRIC OF THE COSMOS, 2004

12月3日

なぜ宇宙は，原子が原子自身に興味をもつ力を得るように
つくられていなければならないのだろうか？

マーカス・チャウン
THE MAGIC FURNACE, 1999

12月4日

天使たちは再び現れた，とてもたくさん来たが，
今度は私は微笑んだだけで目は開けなかった。
おいで，私は飛び起きたり，目を覚ましたりしない。
いや，おいで。どんなに大勢で来ても，その数は数えられない。
あなた方は数字のないところから来ているのだから。

アン・ライス
CHRIST THE LORD, 2008

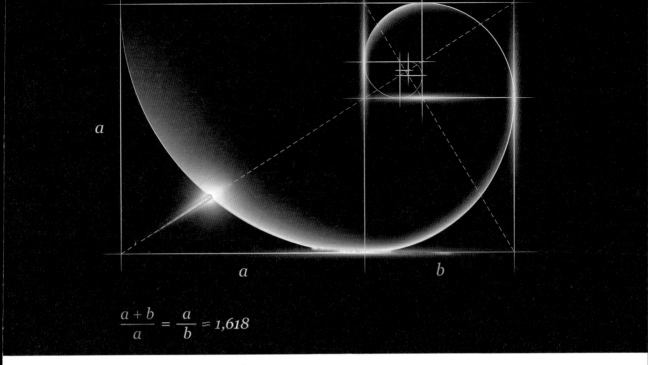

$$\frac{a+b}{a} = \frac{a}{b} = 1{,}618$$

12月5日

誕生日：ヴェルナー・ハイゼンベルク（1901年生まれ）

ハイゼンベルクは，アインシュタインに触れてこう言った。
「もし自然が，だれもが見たことのない極めて簡潔で美しい数式に
我々を導くなら，その数式は『真』で，
自然の本当の姿を表している，と考えざるを得ません」

ポール・デービス
SUPERFORCE, 1985

12月6日

それでは時間とは何ぞや。
だれも私に問わないならば，私はそれが何たるかを知っている。
だれか問う者に説明しようとすれば，私は知らないのである。

アウグスティヌス
CONFESSIONS, C. 398

12月7日

では，自然のなかに数学的性質がどのくらいあるかについて考えてみよう。
物理学の力学的体系もしくは相対性理論によるその修正内容によれば，
宇宙を完全に説明するためには，運動の方程式の完全な体系ばかりでなく，
宇宙の初期条件についての完全な一連の情報も必要であり，
このうち数学の理論が適用できるのは前者だけである。
後者は理論的な扱いが難しく
観測によってのみ決定できると考えられている。

ポール・ディラック
"THE RELATION BETWEEN MATHEMATICS AND PHYSICS,"
PROCEEDINGS OF THE ROYAL SOCIETY (EDINBURGH), 1938-1939

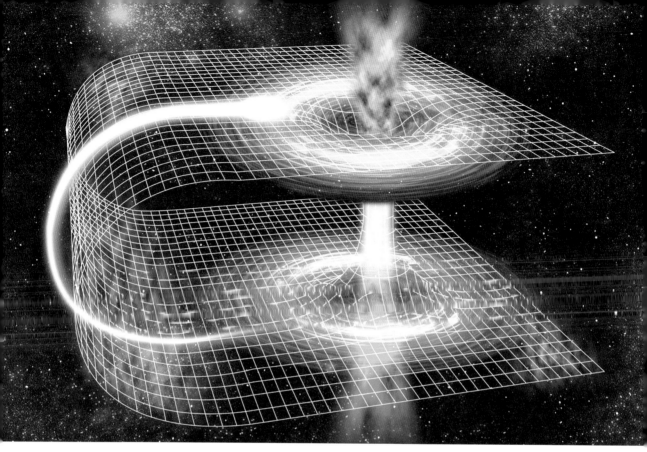

12月8日

アインシュタインの理論は空間と時間を不可分の統合体として結びつけた。
その結果，空間的に離れた2点をつなぐワームホールは
時間的に離れた2点もつなぎうることになる。つまり，
アインシュタインの理論はタイムトラベルの可能性を拓いているのだ。

ミチオ・カク
PARALLEL WORLDS, 2006

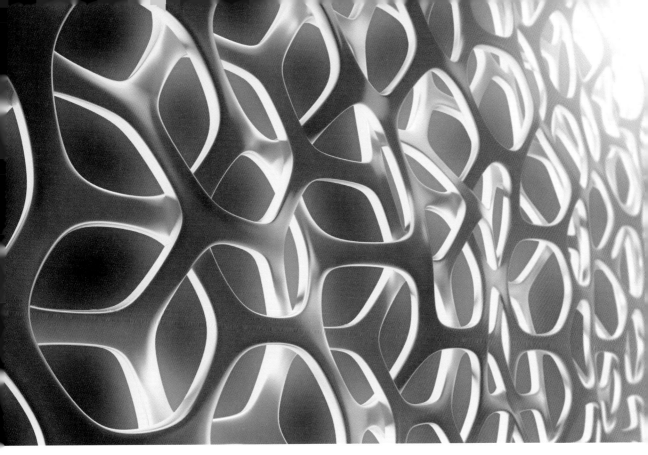

12月9日

すべての科学は，物理学か切手集めのどちらかである。

アーネスト・ラザフォード
（J・B・バークス RUTHERFORD AT MANCHESTER, 1962　から）

12月10日

パラドックスに出合えたとは，なんとすばらしいことだろう。
これで少し進歩の期待がもてる。

ニールス・ボーア
（ルース・ムーア　NIELS BOHR: THE MAN, HIS SCIENCE, & THE WORLD THEY CHANGED, 1966　から）

12月11日

熱が，物体に体積もしくは形状に変化をもたらすことによってのみ，
運動の原因となりうることは明らかである。
こうした変化は均一の温度によってではなく，
むしろ熱さと冷たさが交互に入れ変わることによって引き起こされる。

ニコラ・レオナール・サディ・カルノー
REFLECTIONS ON THE MOTIVE POWER OF HEAT AND ON MACHINES FITTED TO DEVELOP POWER, 1824

12月12日

エネルギーは物質が解放されたものであり，
物質は解放が起こるのを待つエネルギーなのだ。

ビル・ブライソン
A SHORT HISTORY OF NEARLY EVERYTHING, 2004

12月13日

二つの物体が「接触」するとは，各物体の電磁場が
物理的な相互侵入を防ぐために（無意識のうちに）互いに作用し合うことを意味する。
……亜原子粒子同士が「接触」する前にこの作用がよく起こるのだ。

フェリックス・アルバ・フエズ
GALLOPING WITH LIGHT, 2010

12月14日

キリスト教徒は，神が啓示したといっただそれだけの理由で
何かを真理だと信じ始めると，
その真理を哲学的に分析し，いかにして真理でありうるかを決定する。
さらに，キリスト教の数々の謎が合理的に可能であることを無神論者に示し，
キリスト教の真実性を納得させるうえで，
理性は重要な役割を果たすと考えられていた。

ジャン・W・ヴォイチク
ROBERT BOYLE AND THE LIMITS OF REASON, 2002

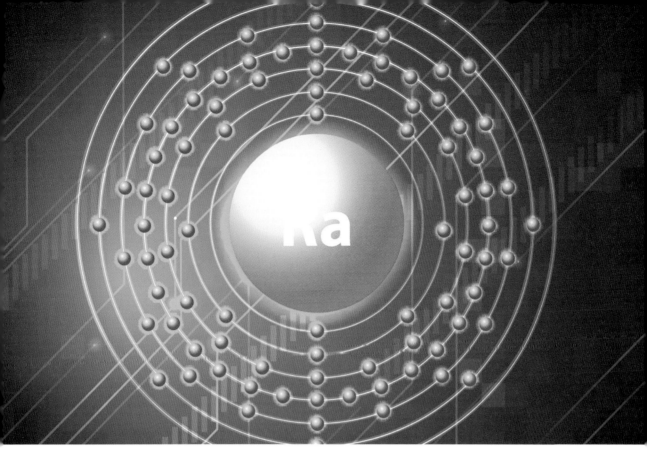

12月15日

誕生日：アンリ・ベクレル（1852年生まれ）

ラジウムが犯罪者の手に渡れば非常に危険な物質になりうる。
そこで，こんな疑問が生じるだろう。
自然の秘密を知ることで人類は本当に恩恵を受けているのだろうか。

ピエール・キュリー
"RADIOACTIVE SUBSTANCES, ESPECIALLY RADIUM" (NOBEL PRIZE LECTURE), STOCKHOLM, 1905

12月16日

物理学は，人間が観測する現象を支配する事象のパターンを発見しようとする。
しかし，そのパターンが何を意味し，どのようにして生じるのかについては
人間にはわからない。非常に優れた知的存在に解説してもらったとしても，
説明そのものが理解できないことに気づくはずである。

ジェームズ・ホップウッド・ジーンズ
PHYSICS AND PHILOSOPHY, 1942

12月17日

ここに堂々めぐりの輪がある。
物理法則が複雑系を生み，複雑系が意識を生み，意識が数学を生む。
そして数学は，そもそもの発端となった物理法則を，
簡潔かつ鮮やかに解読できるのだ。

ポール・デービス
ARE WE ALONE?, 1995

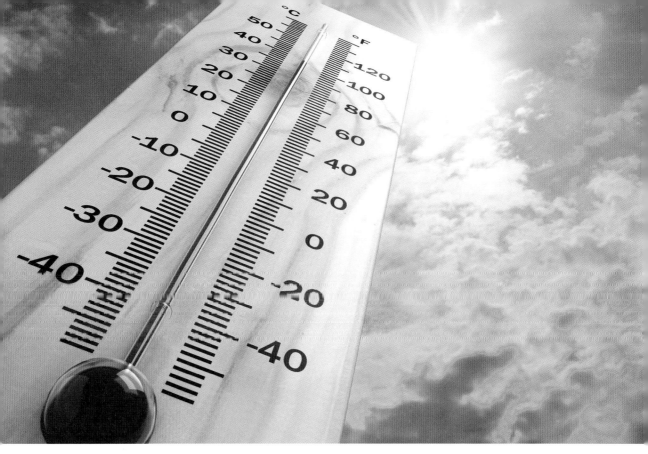

12月18日

誕生日：ジョゼフ・ジョン・トムソン（J・J・トムソン）（1856年生まれ）

熱力学の歴史は人々と概念の物語である。
登場人物の個性はさまざまである。
少なくとも10人の科学者がこの分野の誕生に重要な役どころを果たしていて、
その研究は1世紀以上にも及んだ。
翻って、熱力学全体において使用される概念の数は驚くほど少ない。
主要なのはたったの三つ、エネルギー、エントロピー、絶対温度である。

ウィリアム・H・クロッパー
GREAT PHYSICISTS, 2004

12月19日

実在について本質を徹底的に鋭く捉えた説明をしようとするとき，
最も厄介な障壁として立ちはだかるのは「時間」である。
さて，時間とは？
実在の説明なしに成り立たない。
実在とは？
時間の説明なしには成り立たない。
時間と実在の深い隠された関係を明らかにすることは……未来の課題である。

ジョン・A・ホイーラー
"HERMANN WEYL AND THE UNITY OF KNOWLEDGE," AMERICAN SCIENTIST, 1986

12月20日

だが，一つの法則が他に立ち信頼性が高いと確信することは，
その法則が永遠に真実であると確信することと同じではない。
同様に，無限に続いていく近似の法則以外には
何も存在しないとも容易に考えられる。
あるいは，法則は自然についての一般論であり，
実際には不変ではないが変化の速度があまりに遅いために
人類が今まで永続的だと思い込んできたとも考えられる。

リー・スモーリン
"NEVER SAY ALWAYS," NEW SCIENTIST, 2006

12月21日

超ひも理論は，その理論が単純化しようとする宇宙よりも
はるかに複雑であることがわかっている。
研究によれば，10^{500}個の宇宙が存在し……それぞれが
別個の法則に従っていると考えられる。ニュートンやアインシュタイン，
そのほかの何十という研究者たちがこれまで解明してきた真理は
ナイロビの都市番号と同程度のいまだ基本的なものにとどまる。
……物理学者は偶発的に生まれた地形の地理学者といった存在にすぎない。

ジョージ・ジョンソン
"WHY IS FUNDAMENTAL PHYSICS SO MESSY?," WIRED , 2007

12月22日

3世紀離れた見通しのよい位置から科学革命を振り返り，
その中心的な特徴を切り離して西洋思想の重大な転換を理解しようとすれば，
数学と定量化された思考の役割が著しく目を引く。
アレクサンドル・コイレの言う自然の幾何学化だ。
16世紀から17世紀にかけて始まった自然の幾何学化は，
それまでにない勢いを得て進行した。
今日科学者になるということは，数学を理解し使うことだが，
それはおそらく科学革命が遺した最も特徴ある贈り物だろう。

リチャード・S・ウェストフォール
"NEWTON'S SCIENTIFIC PERSONALITY," JOURNAL OF THE HISTORY OF IDEAS, 1987

12月23日

コインの表が出たら，裏が出る可能性はなくなったことになる。
その瞬間まではどちらの可能性も等しくあった。
だがもう一つの世界でまさに裏が出るとする。そうなれば
もう片方が出る可能性がなくなり，二つの世界は真っ二つに分裂する。

フィリップ・プルマン
THE GOLDEN COMPASS, 1995

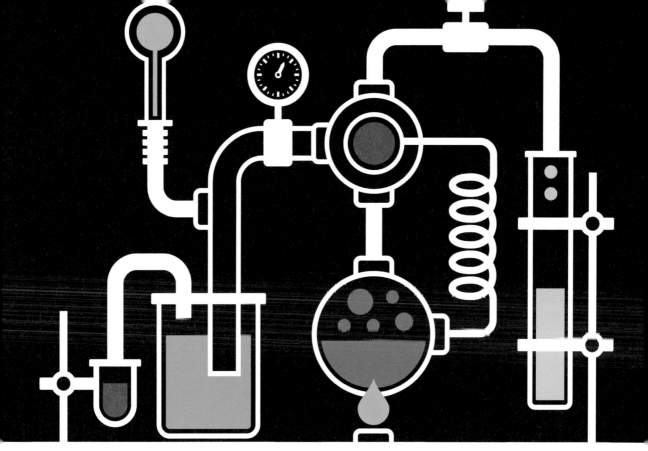

12月24日

誕生日：ジェームズ・プレスコット・ジュール（1818年生まれ）

マンチェスタ 市庁舎必念閣ビ土貴人の人理石の像が二つ、向かい合って置かれている。
……こうしてこの栄誉はマンチェスターの最も偉大な二人の住人に贈られた。
一人は，現代化学の創始者であり，原子説を提唱し，化学結合における倍数比例の
法則を発見したドルトン。もう一人は現代物理学の創始者であり，エネルギー保存の
法則を発見したジュールである。一人はすべての化学変化において物質がなくなる
ことはないという最終的な納得のいく証明を世界に示し……もう一人は物理変化の
いかなる状態においてもエネルギーはまったく変わらないことを証明した。

ヘンリー・E・ロスコー
JOHN DALTON AND THE RISE OF MODERN CHEMISTRY, 1895

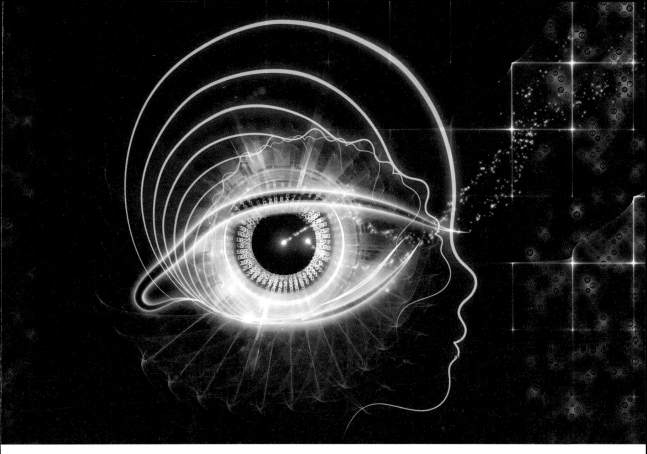

12月25日
誕生日：アイザック・ニュートン（1642年生まれ）

自然と自然の法則は，夜の闇に隠れた。
神は言われた。
「ニュートンよ，出でよ！」
すべては光に包まれた。

アレクサンダー・ポープ
"EPITAPH INTENDED FOR SIR ISAAC NEWTON,"（THE COMPLETE POETICAL WORKS OF POPE, 1931　から）

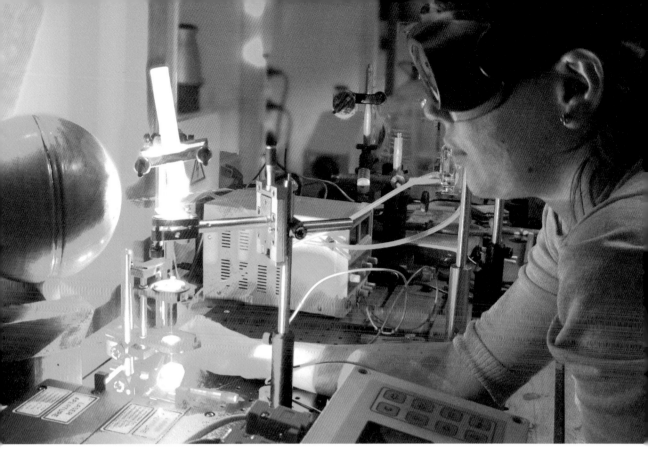

12月26日

数学者が扱うのは議論の構造だけで，
議論の内容には関心がありません。
内容を知る必要さえないのです……。
しかし，物理学者はすべての語句に意味を込めます……。
物理学では言葉と現実の関係を理解する必要があるのです。

リチャード・ファインマン
THE CHARACTER OF PHYSICAL LAW, 1965

12月27日

誕生日：ヨハネス・ケプラー（1571年生まれ）

今日，ケプラーは主に惑星の運動に関する三つの法則で人々に記憶されているが，
これらの法則は，彼が宇宙の調和をより広く探究した際の三要素にすぎない。
……ケプラーは，物理学的根拠に基づく，一つにまとめられた地動説を天文学に残した。
それは以前の100倍近く精度の高いものであった。

オーウェン・ギンガリッチ
"KEPLER," DICTIONARY OF SCIENTIFIC BIOGRAPHY, 1981

12月28日

星々を見上げるたび宇宙旅行はその可能性に我々を誘うが，
我々はいまだもって永遠に現在という時の虜のように思える。
創作上の設定の飛躍だけでなく，
驚くほど多くの現代理論物理学の研究の動機となる疑問は，
「私たちはレールからはみ出すことのできない
宇宙の時間貨物列車の囚人か，否か？」である。

ローレンス・M・クラウス
THE PHYSICS OF STARTREK, 2007

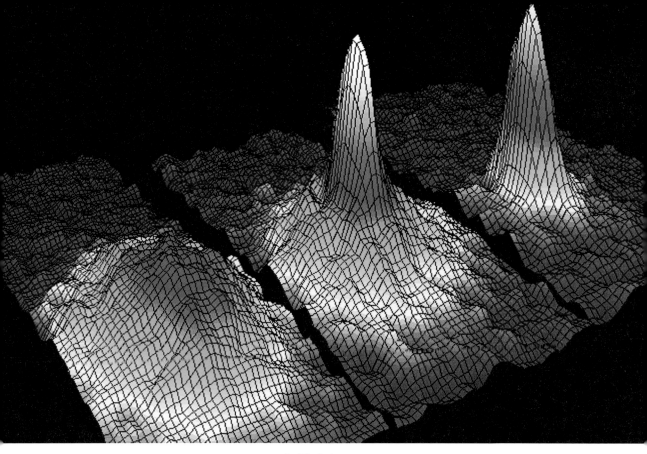

12月29日

今世紀に提唱されたすべての物理学理論のなかで
最もばかげた理論は量子論だと言われることがよくある。
量子論の唯一の利点はそれが正しいか否かを疑ったりすることすら
できないことだと言う人もいる。

ミチオ・カク
HYPERSPACE, 1995

12月30日

人はみな，自分が物質的存在で生理学と物理学の法則に支配されることを知っている……。
恋人や詩人が死よりも永続的な愛の力を信じる気持ち，何世紀来人にうさまとうてきた言葉
"finis vitae sed non amoris"（生命は終わるが愛は終わらない），は嘘だ。
だが，ばかげた嘘ではない，ただ無益なのだ。では，人が時の流れを測る時計だとしたら？
壊されては組み立てられ，仕掛けのなかで歯車の始動と共に時計職人によって絶望と愛が
刻まれ始めるとしたら？　無数の反復で滑稽味を増しさらに深まる苦しみを
時報のように告げる時計が自分だと知ったら？　人間の存在を繰り返す —— それは結構だ。
だが酔客が機器にお金を注ぎ込み陳腐な曲を何度も再生するように繰り返すというのか？

スタニスワフ・レム
SOLARIS, 1961

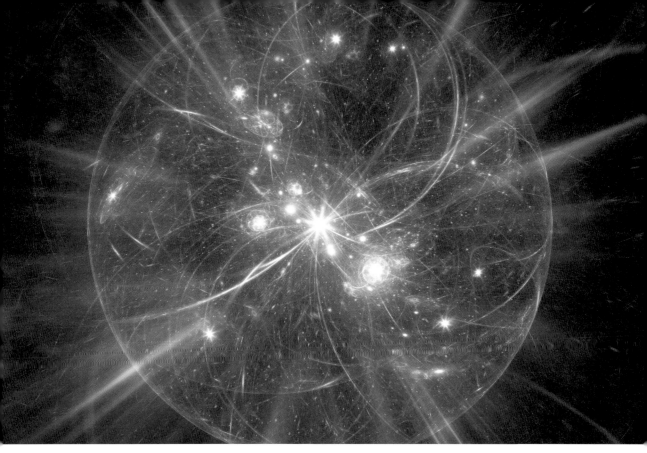

12月31日

始まりの瞬間，宇宙はどのようにして，
いかなる法則に従うべきかを知ったのだろう？

リー・スモーリン
"NEVER SAY ALWAYS," NEW SCIENTIST, 2006

物理学者小伝 ～物理学の知と美の世界へ～

　以下に掲げた小伝では，本文で「誕生日」に取り上げた物理学者たちについてご紹介しています。何やらおもしろそうな一連の物理学の資料と思っていただければ幸いです。それぞれの物理学者が挑んだ先端領域に光を当て，時にその研究に関する方程式も含めています。
スペースの都合上，方程式の内容については，おおむね解説しておりませんが，これはみなさんがこの小伝を足掛かりにほかの本やウェブサイトへ探求の旅に出ていただくことを願い，あえてそのようなつくりにしています。何人かの物理学者については，膨大な著書のなかから1，2点を選び，タイトルを掲載しています。
　物理学者たちの紹介が極めて短く断片的で，必ずしも伝えていないことがここにお詫びします。繰り返しになりますが，これは純粋に簡潔な説明を求めてのことです。とはいえ　本書でご紹介した事実や公式の多くが読者のみなさんの好奇心を刺激し，取り上げたテーマや物理学者たちのたどった人生についてさらに調べ，知識を深めていただくきっかけになればと思います。
　最後になりましたが，本書執筆にあたり有益な意見をご提供いただいたデニス・ゴードン，ジェシカ・ジョルダーノの両氏に感謝申し上げます。

アーネスト・ラザフォード（1871 ～ 1937）　イギリス

　「原子物理学の父」と言われる。放射能の半減期の概念を発見し，放射能の生成には一つの元素から別の元素への核変換が関係することを証明した。ラザフォードの原子模型は，中心となる原子核は原子内のそのほかと比較して，非常に小さな体積に集約されており，原子の質量の大部分が原子核に集中していることを提唱している。

アイザック・ニュートン（1642 ～ 1727）　イギリス

　古典力学，光学，微積分学，冪級数，非整数の指数をもつ二項定理，万有引力の法則，および $x_{n+1} = x_n - f(x_n) / f'(x_n)$ という関係式を用いる関数の根の近似値を求めるニュートン法でよく知られる。ニュートンの運動の第二法則は $F = dp/dt$ の式で表される。ここで，p は運動量，F は物体に加わる力，dp/dt は運動量変化を表す。二つの質点におけるニュートンの万有引力の法則（$F = Gm_1m_2 / r^2$）は，物体の大きさが2点間の距離に比べて非常に小さい理想的な物体に

ついての法則である。ここで，F は二つの質量間にはたらく万有引力の大きさ，G は万有引力定数，m_1 は一方の質点の質量，m_2 はもう一つの質点の質量，r は質量間の距離を表す。万有引力定数 G の値は通常，$6.67 \times 10^{-11}\ Nm^2 \cdot kg^{-2}$ である。ニュートンの冷却の法則は，物体の損失熱量は物体と周囲の温度差に比例することを表す。また，ニュートンは白色光（太陽光）の分解に関する研究や微積分学における取り組みでも有名だった。最も有名な著書に『自然哲学の数学的諸原理（*Philosophiæ Naturalis Principia Mathematica*）』(1687) がある。

アルベルト・アインシュタイン（1879 ～ 1955）　ドイツ

特殊相対性理論，一般相対性理論，質量とエネルギーの等価性の方程式 ($E = mc^2$)，光電効果，ブラウン運動の理論などへの貢献で名高い。1999年に『*Physics World*』誌が行った投票では，アイザック・ニュートンを抑えてアインシュタインが史上最も偉大な物理学者に選ばれた。この投票に参加した物理学者ブライアン・グリーンは次のように述べている。「アインシュタインの特殊相対性理論と一般相対性理論は，普遍的で不変的であった空間と，時間というそれまでの概念を完全に覆し，空間と時間は流動性と柔軟性をもつという驚くべき新たな枠組みに置き換えた」。

アレッサンドロ・ボルタ（1745 ～ 1827）　ミラノ公国　イタリア

電流を連続的に供給できる電池の発明で高く評価される。

アンドレ・マリー・アンペール（1775 ～ 1836）　フランス

古典電磁気学の研究の主要な創始者の一人。直線導線に電流を流すとき，その周囲の同心円状にできる磁場の大きさは，その循環経過によって囲まれた電流の強さに比例することを示した法則を発見したことでよく知られる。アンペールのこの法則はさまざまな形で表されるが，最も有名なものは次の積分形の式である。

$$\oint_S \mathbf{B} \cdot d\mathbf{s} = \mu_0 I_{\text{enc}}$$

ここでは $\mathbf{B}$ は磁場，I は電流を表す。

アンリ・ベクレル（1852 ～ 1908）　フランス

ピエール・キュリー，マリア・サロメア・スクウォドフスカ・キュリー夫妻と共に放射線を発見した一人。

ウィリアム・トムソン（ケルビン卿）（1824 ～ 1907）　アイルランド，スコットランド

電気の数学的解析，熱力学の第一および第二法則の定式化に貢献した。絶対零度の値を導入したことでも知られる。絶対零度は摂氏 -273.15℃，または華氏 -459.67°F。

ヴィルヘルム・E・ヴェーバー（1804 ～ 1891）　ドイツ

初期の電磁気電信の研究および地磁気の調査でよく知られる。

ヴィルヘルム・レントゲン（1845 ～ 1923）　ドイツ

X線の発見でよく知られる。この功績により1901年に第1回ノーベル物理学賞を受賞。

ヴェルナー・ハイゼンベルク（1901 ～ 1976）　ドイツ

物体の位置と速度は，両方を同時に知ることはできないことを示した。位置を正確に決めようとすると，速度の測定値の不確定性が大きくなり，逆に，運動量を正確に決めようとすると，位置の測定値の不確定性が大きくなる。これをハイゼンベルクの不確定性原理と言い，最も一般的には，空間中の粒子の位置 x と運動量 p の関係は次のように表される。

$$\Delta x \Delta p \gtrsim \frac{\hbar}{2}$$

ヴォルフガング・パウリ（1900 ～ 1958）　オーストリア

パウリの排他律とは本質的に，一つの原子内では，2個以上の電子が同時に同じ量子状態をとることはできないという原理である。たとえば，同じ原子軌道上にある二つの電子は必ず互いに逆向きのスピンをもつ。この原理は量子論の基礎の一端を担っており，電子や陽子，中性子などのフェルミ粒子には適用されるが，光子などのボソン粒子には適用されない。

エドウィン・ハッブル（1889 ～ 1953） アメリカ

　地球から観測する場合，遠い銀河（または銀河団）ほど後退速度が大きくなる法則を発見したことでよく知られる。銀河と銀河の距離は大きくなる一方であり，したがって宇宙は膨張していることを観測的に明らかにした（ベルギーのカトリック神父で天文学者でもあるジョルジュ・ルメートルも同時期に宇宙膨張説を提唱）。また，宇宙が我々のいる銀河系を超えてさらに広がっていることを明らかにした。

エバンジェリスタ・トリチェリ（1608 ～ 1647） イタリア

　気圧計を発明，容器などの開口部から開口部より上部の高さに流れる流体の速度に関連する，流体力学におけるトリチェリの定理でよく知られる。トリチェリの真空は，一端を閉じたガラスシリンダーに水銀を満たし，シリンダーを倒立させてボウルに鉛直に立て，水銀が一部ボウルに流れ出ることによって，シリンダー上部につくり出される。

エルビン・シュレーディンガー（1887 ～ 1961） オーストリア

量子論と波動力学の成立に貢献した。シュレーディンガーの波動方程式は，究極の現実を波動関数と確率によって記述している。

$$i\hbar\frac{\partial}{\partial t}\Psi(\mathbf{r},t) = \left[\frac{-\hbar^2}{2m}\nabla^2 + V(\mathbf{r},t)\right]\Psi(\mathbf{r},t)$$

　ここで，ψ は波動関数，m は粒子の質量，V はポテンシャルエネルギーを表す。

エルンスト・マッハ（1838 ～ 1916） オーストリア

　光学，力学，衝撃波など，波動力学の諸分野のさまざまな原理の確立に貢献した。マッハの原理は，物体にはたらく慣性は宇宙にあるほかの物質との相互作用によって生じることを提唱するもので，アインシュタインと彼が発表した相対性理論に影響を与えた。

エンリコ・フェルミ（1901 ～ 1954） イタリア

　世界初の人工原子炉（シカゴ大学構内にて）を完成させ，量子論，核分裂の連鎖反応などの素粒子物理学の研究を行った。

カール・フリードリヒ・ガウス（1777 ～ 1855）　ドイツ

　静電気学，天文学，光学ならびに数学のさまざまな分野に貢献。ガウスの法則は，任意の閉曲面を貫く電束は，その閉曲面に囲まれた正電荷の総量に比例することを実証した。任意の閉曲面を貫く磁束はゼロである。電場に関するガウスの法則は，閉曲面から流れる電束 $\mathbf{\Phi}$ と閉曲面に囲まれた電荷との関係を示している。

$$\Phi = \oint_S \mathbf{E} \cdot d\mathbf{A} = \frac{1}{\varepsilon_o} \int_V \rho \cdot dV = \frac{q_A}{\varepsilon_o}$$

　ここで，E は電場を表す。ガウスの磁場に関する法則は，電磁気学の基本方程式の一つであり，磁極は単独で存在しないという結論を正式に記述した式である。次のように表される。

$$\Phi_B = \oint_S \mathbf{B} \cdot d\mathbf{A} = 0$$

　この法則は，任意の閉曲面を貫く全磁束 $\mathbf{\Phi}_B$ がゼロになることを示す。$\mathbf{B}$ は磁場を表す。

ガリレオ・ガリレイ（1564 ～ 1642）　イタリア

　望遠鏡の改良と，太陽系の地動説を裏づける天体観測を行ったことで有名。木星の最も大きい四つの衛星の観測，太陽の黒点の分析，落下物の実験を行ったことでもよく知られる。

クリスチャン・ドップラー（1803 ～ 1853）　オーストリア

　ドップラー効果でよく知られる。観測される波の周波数が，波源と観測者（検出器）の相対的な動きによるという原理。また，恒星からの光の観測される色が恒星の地球に対する速度に応じて変化することを提唱した。

クリスティアーン・ホイヘンス（1629 ～ 1695）　ネーデルラント連邦共和国

　望遠鏡による土星の環の研究，土星の最大の衛星タイタンの発見，振り子時計の発明で高く評価される。光の波動説や力学の分野に貢献した。

ゲオルク・ジーモン・オーム（1789 ～ 1854）　ドイツ

　オームにより発見されたオームの法則とは，導線を流れる電流は，電圧に比例し，抵抗に反比例するという法則である。

ジェームズ・クラーク・マクスウェル（1831 ～ 1879）　スコットランド

　電場，磁場，光を電磁場の現れとして記述する，美しく簡潔な一連の方程式を定式化し，マクスウェルの方程式を導いた。電磁波は，光速で空気中を伝播することを示した。

ジェームズ・プレスコット・ジュール（1818 ～ 1889）　イギリス

　電流と熱量に関するジュールの法則とは，導体に一定の電流を流したとき発生する熱量は，導体の電気抵抗，電流の強さの二乗および電流が流れる時間に比例するという法則のこと。力学的エネルギー，電気エネルギー，熱エネルギーをはじめとするさまざまな形態のエネルギーは，本質的にすべて同じであり互換性をもつことを確認した。ジュールのこの研究はエネルギー保存の法則と熱力学の第一法則の確立に寄与した。

シャルル・オーギュスタン・ド・クーロン（1736 ～ 1806）　フランス

　「二つの電荷の引き合う力（引力）または反発する力（斥力）は，電荷の大きさに比例し，分離距離の二乗に反比例する」という法則で最もよく知られる。特に，空間における二つの点電荷間の力Fの大きさは次の式で求められる。

$$F = \frac{1}{4\pi\varepsilon_0}\frac{q_1 q_2}{r^2}$$

　ここでは，q_1 と q_2 は電荷の大きさ，r は電荷間の距離，ε_0 は空間の誘電率を表す。電荷の符号が互いに逆であれば，引力が生じる。

ジョサイア・ウィラード・ギブズ（1839 ～ 1903）　アメリカ

　熱力学の応用に関する研究で知られる。またルートビッヒ・ボルツマン，ジェームズ・クラーク・マクスウェルと共に，熱力学の法則を粒子の集まりの統計学的性質の観点から説明する統計力学の分野の創始に携わった。マクスウェル方程式の光学分野への応用に関する研究も行った。

ジョゼフ・ジョン・トムソン（J・J・トムソン）（1856 ～ 1940）　イギリス

　陰極線の正体が負電荷の粒子（電子）であることを明らかにし，原子構造に関する我々の知識に革命的な発見をもたらした。

ジョゼフ・フーリエ（1768 ～ 1830） フランス

「フーリエ級数」と呼ばれる級数（数列の和）を導き，熱伝導や振動の研究に用いた。フーリエの熱伝導の法則とは，物質中の異なる2点間の熱の移動する速さはその点における温度勾配に比例し，2点間の距離に反比例するという法則である。

ジョルジュ・ルメートル（1894 ～ 1966） ベルギー

カトリック神父であり天文学者で，宇宙膨張説を提唱（エドウィン・ハッブルの項目を参照）。また，現代のビッグバン理論に関係した，宇宙の起源に関する「原始的原子」の仮説や「宇宙卵」の仮説を唱えた。

ジョン・A・ホイーラー（1911 ～ 2000） アメリカ

核分裂，ブライト・ホイーラー過程，幾何力学，一般相対性理論，重力，量子力学，統一場理論，ホイーラー・ファインマン吸収体理論，ホイーラーの遅延選択実験などに関する概念の展開と貢献で知られる。「量子泡」「ワームホール」「ブラックホール」の語を世に広めた。

ジョン・バーディーン（1908 ～ 1991） アメリカ

トランジスタを発明，超伝導の基礎理論を確立した。

スティーブン・ホーキング（1942 ～ 2018） イギリス

ロジャー・ペンローズとの共同による特異点定理の研究を行い，ブラックホールは放射線を放出しているとの予測し，相対性理論および量子力学に関連する宇宙論の理論を展開したことなどでよく知られる。科学の普及に努めたことでもよく知られ，ベストセラー『*A Brief History of Time*（邦題：ホーキング，宇宙を語る）』（1988年）の著者。

スブラマニアン・チャンドラセカール（1910 ～ 1995） インド，アメリカ

ブラックホールやそのほかの大質量星に関する理論でよく知られる。恒星の構造と力学に関する研究，白色矮星についての理論，一般相対性理論，重力波に関する理論の研究にも力を注いだ。

ダニエル・ベルヌーイ（1700 ～ 1782）　スイス

　数学，流体力学，振動系，確率，統計学など幅広い分野における研究で知られる。ベルヌーイの流体力学の法則とは，運動する流体の流体圧力，重力による位置エネルギー，運動エネルギーの和が一定であるという法則である。すなわち，管のなかを流れる液体は，流体の速度が増すと同時に圧力が下がることになる。このベルヌーイの定理は航空力学の分野で数多く応用され，翼，プロペラ，ラダーなどの翼上の流れを研究するときなどに必要要素として取り入れられている。ベンチュリ管（キャブレターの通路のくびれ部分で圧力を減少させ，それにより燃料蒸気をキャブレターボウルから取り出す）設計にも用いられている。今日，ベルヌーイの法則は次のように表される。

$$\frac{v^2}{2} + gz + \frac{p}{\rho} = C$$

　たとえば，多くの流体の管内における圧力はこの式に従って変化している。ここでは，v は流速，g は重力加速度，z は流体中のある点における鉛直方向の座標（高さ），p は圧力，ρ は流体の密度，C は定数を表す。

チャールズ・ハード・タウンズ（1915 ～ 2015）　アメリカ

　メーザー（Microwave Amplification by Stimulated Emission of Radiation：放射の誘導放出によるマイクロ波増幅の略）に関する理論および応用の研究，メーザーおよびレーザー両機器に関連する量子エレクトロニクス研究でよく知られる。現在，レーザーは医療，通信，情報処理などの分野で重要な役割を果たしている。

トーマス・ヤング（1773 ～ 1829）　イギリス

　光の波動説の確立に寄与した。二重スリットの実験により，干渉が生じることから光の波動性を実証した。二つの小さい穴に光を通すと，光線が一連の光の縞模様を生じることを示した。

ニールス・ボーア（1885 ～ 1962）　デンマーク

　原子構造と量子論の理解に多大な貢献を行った。ボーアの原子模型では電子のエネルギー準位が個別に設定されていた。電子は一つのエネルギー準位からほかのエネルギー準位に飛び移ることができる。ボーアの相補性原理は今日，量子力学の基本原理となっている

ニコラウス・コペルニクス（1473 ～ 1543）　王領プロイセン，ポーランド立憲王国

これまでの地球中心説に代わって，太陽を中心とする地動説を提唱。1543年，死の直前に出版された著書『*De revolutionibus orbium coelestium*（天球の回転について）』でよく知られる。

ニコラ・レオナール・サディ・カルノー（1796 ～ 1832）　フランス

時に「熱力学の父」と呼ばれることも。熱力学とは，熱，温度，エネルギー，仕事の相互関係に関する物理学の一分野である。1824年に発表した研究論文『*Reflections on the Motive Power of Fire*（火の動力についての考察）』において，熱機関の効率性に関する有力な理論を主張した。

ハインリヒ・ヘルツ（1857 ～ 1894）　ドイツ

電気機器を使って，ジェームズ・クラーク・マクスウェルが光の電磁波説で提唱した電磁波の存在を証明した。また，光と熱がどちらも電磁波であることを明らかにした。

ハンス・クリスティアン・エルステッド（1777 ～ 1851）　デンマーク

電線などに流れる電流が磁場をつくることを発見。電磁気学の研究の発展に大きく寄与した。

ヘルマン・ルートビッヒ・フェルディナント・フォン・ヘルムホルツ（1821 ～ 1894）　ドイツ

エネルギー保存に関する理論に貢献し，電気力学および熱力学における研究を行ったことで知られる。1850年代にヘルムホルツ共鳴器と呼ばれる装置を開発し，これを用いて音楽など，さまざまな音の高さや周波数の研究を行った。

ヘンドリック・ローレンツ（1853 ～ 1928）　オランダ

ゼーマン効果（スペクトル線の分離）の解明に貢献。また，ローレンツ変換と呼ばれる数学変換式を考案し，アインシュタインはこの変換を用いて時空を記述した。これらの数式は運動する物体の質量の増加や長さの収縮，時間の遅れを記述している。

ヘンリー・キャベンディッシュ（1731 ～ 1810）　イギリス

「地球の重さ測定」（地球の密度を測る）実験や，荷電した物体（粒子）間にはたらく力の距離と電荷への依存性に関する未発表の研究でよく知られる。

ポール・ディラック（1902 ～ 1984）　イギリス

ディラックの方程式で知られ，次のように表される。

$$\left(\alpha_0 mc^2 + \sum_{j=1}^{3} \alpha_j p_j c \right) \psi(\mathbf{x}, t) = i\hbar \frac{\partial \psi}{\partial t}(\mathbf{x}, t)$$

この方程式は，電子などの素粒子を，量子力学と特殊相対性理論の両方に役立つ方法で記述したものである。m は電子の静止質量，$\hbar$ は換算プランク定数（1.054×10^{-34} J・s），c は真空中の光速，p は運動量演算子，$\mathbf{x}$ および t は空間と時間の座標，$\psi(\mathbf{x}, t)$ は波動関数，α は波動関数に作用する線形演算子をそれぞれ表す。ディラック方程式は反粒子の存在を予測し，ある意味ではその実験的発見を「予言」していた。電子の反粒子である陽電子の発見は，現代の理論物理学における数学の有用性を示す好例となった。より一般的には，ディラックは量子力学と量子電気力学の両方の発展に大きく貢献したことでよく知られる。

マイケル・ファラデー（1791 ～ 1867）　イギリス

電磁気学と電気化学の分野に貢献した。ファラデーが発表した電磁誘導の法則とは，磁場が変化すると電場が発生するという法則である。ジェームズ・クラーク・マクスウェルは「ファラデーの電磁誘導法則」と呼ばれる式 $\varepsilon = -d\phi_m/dt$ にて，磁束の変化と誘導起電力（ε または EMF）との関係を表した。ここで ϕ_m は回路を通過する磁束を表す。

マックス・プランク（1858 ～ 1947）　ドイツ

量子論の創始者。プランクの黒体放射に関する説は，電磁エネルギーは量子化された状態でのみ放出可能であることを提唱している。プランクの式は，量子論を最も早く実用化に取り入れたことで知られる点で注目に値する。

マリア・サロメア・スクウォドフスカ・キュリー（1867 ～ 1934）　ポーランド，フランス

　放射能について先駆的な研究を行い，女性として初めてノーベル賞を受賞（1903年にノーベル物理学賞，1911年にノーベル化学賞を受賞）。ポロニウムとラジウムという二つの新元素を発見した。

マレー・ゲルマン（1929 ～ 2019）　アメリカ

　「クォーク」を命名，素粒子理論と素粒子の分類，複雑系，ストレンジネス（粒子の崩壊を記述するときに量子数で表される素粒子の性質）における貢献でよく知られる。

モハマド・アブドゥッ・サラーム（1926 ～ 1996）　パキスタン

　原子物理学における研究，特に，電磁気力と弱い力の統合を解き明かす電弱統一理論の定式化に寄与したことで知られる。超対称性の研究にも取り組み，ニュートリノ，中性子星，およびブラックホールに関する現代の理論の構築に貢献した。

ヨーゼフ・フォン・フラウンホーファー（1787 ～ 1826）　ドイツ（バイエルン州）

　太陽光の可視光スペクトルのなかに黒い線（フラウンホーファー線）を発見。この黒い線はのちに，太陽の周囲の気体（や地上の気体）に含まれる化学元素が光を吸収することによって生じたものであることが判明した。

ヨハネス・ケプラー（1571 ～ 1630）　ドイツ

　太陽を中心に周回する惑星の動きを記述する三つの法則でよく知られる。その一つは我々の住む太陽系内のすべての惑星は，太陽を中心の一つとする楕円軌道上を動くという法則である。

リーゼ・マイトナー（1878 ～ 1968）　オーストリア，スウェーデン

　一つの原子の核がより小さな（より軽量の）複数の原子核に分裂を起こす，核分裂の現象を発見した科学者チームの一員。元素番号109番のマイトネリウムは彼女の名前から命名されている。

リチャード・ファインマン（1918 ～ 1988）　アメリカ

　量子電磁力学（物質と光の相互作用を扱った理論）の理論展開に寄与し，量子力学の経路積分やファインマン・ダイアグラムを考案する一方，物理学においてそのほか数多くの分野に貢献した。

ルートビッヒ・ボルツマン（1844 ～ 1906）　オーストリア

　エントロピーを「系の分子の熱運動による系の無秩序の度合いを示す尺度」と解釈したことでよく知られる。温度が低い系にある量の熱を加えると，系の分子の熱運動に比較的大きな無秩序が追加的に生じる可能性があると考えた。エントロピー S と分子運動の間の数学的関係を定式化し，$S = k \cdot log\,(W)$ と表した。W は系の可能な状態の数，k はエントロピー S を有用な単位で表すボルツマン定数である。この S に関する方程式はウィーンにあるボルツマンの墓碑に刻まれている。

ルイ・ド・ブロイ（1892 ～ 1987）　フランス

　電子の波動性についての仮説で知られ，すべての物質が波動性をもち，それに伴う波長をもつことを示した。ド・ブロイの関係式 $\lambda = h/mv$ は波動粒子の質量（m），速度（v），波長（λ）の関係を表す。h はプランク定数。

ルドルフ・クラウジウス（1822 ～ 1888）　ドイツ

　熱力学の確立に貢献。クラウジウスの法則は，熱力学の第二法則であり，初期に定式化された関係式の一つである。孤立系のエントロピー，すなわち無秩序の総量は，増大する傾向があるという法則だ。したがって，熱力学系の閉じた系では，エントロピーは仕事に変換できない熱エネルギー量の尺度と考えることができる。どのような過程でも，宇宙におけるエントロピー変化は，ゼロ以上でなければならない。熱は高温の物体から低温の物体へ自然発生的に流れるが，逆向きの変化は起こらない。

ロバート・フック（1635 ～ 1703）　イギリス

　フックの弾性に関する法則（$F = -kx$）は，「金属棒やばねなどの物体の長さをx だけ伸ばした場合，ばねに作用する力F は伸び，x に比例する」というものである。科学の探求に顕微鏡のより一層の活用を推奨した。また，重力の逆二乗則を提唱したが，それを数学的に証明する手立てをもち合わせていなかった。フックは万有引力を発見したのではないが，このテーマに関するニュートンの考えに大いに貢献したと思われる。

ロバート・ボイル（1627 ～ 1691）　アイルランド

　ボイルの法則とは，一定の温度に保たれた容器中の気体の圧力P と体積V の間に反比例の関係があることを示した法則である。圧力と体積の積がほぼ一定であることを観察した。

ロバート・ミリカン（1868 ～ 1953）　アメリカ

　電子1個がもつ電荷を計測する実験とアインシュタインが導入した光電効果を記述する方程式を実証する実験を行ったことで知られる。ある形態の放射線が地球外からやってくることを証明し，「cosmic rays（宇宙線）」と命名した。

推奨文献

・アーノルド・アロンス
Development of Concepts of Physics. Reading, MA: Addison-Wesley, 1965.

・ウィリアム・H・クロッパー
Great Physicists. New York: Oxford University Press, 2004.
『物理学天才列伝＜上＞上——ガリレオ，ニュートンからアインシュタインまで』講談社（2009）
『物理学天才列伝＜下＞——プランク，ボーアからキュリー，ホーキングまで』講談社（2009）

・クリフォード・A・ピックオーバー (1)
Archimedes to Hawking. New York: Oxford University Press, 2008.

・クリフォード・A・ピックオーバー (2)
The Physics Book. New York: Sterling, 2011.
『ビジュアル物理全史：ビッグバンから量子的復活まで』岩波書店（2019）

・グレアム・ファーメロ
It Must Be Beautiful. London: Granta Books, 2003.
『美しくなければならない——現代科学の偉大な方程式』 紀伊国屋書店（2003）

・サー・マイケル・アティヤ
"Pulling the Strings." *Nature*, vol. 438, no. 7071 (2005): 1081-1082.

・ジェームス・S・トレフィル
The Nature of Science. New York: Houghton Mifflin Harcourt, 2003.

・ジョージ・ジョンソン
"Why Is Fundamental Physics So Messy?" in Hodgeman, John, ed., "What We Don't Know." WIRED, vol. 15, no. 2 (2007): 104-124.

・ジョージ・ゼブロウスキー
"Time Is Nothing but A Clock." *OMNI*, vol. 17, no. 1 (1994): 80-82, 114-115.

・ジョゼフ・シュワルツ
The Creative Moment. New York: HarperCollins, 1992.

・ジョン・ブロックマン
What We Believe but Cannot Prove. New York: Harper Perennial, 2006.

・スティーブン・ホーキング
Black Holes and Baby Universes and Other Essays. New York: Bantam, 1993.

・デビッド・ハリデイ，ロバート・レスニック
Physics. Hoboken, N.J.: Wiley, 1966.

・ピーター・ピーシック
"The Bell & the Buzzer: On the Meaning of Science." *Daedalus,* vol. 132, no. 4 (2003): 35-44.

・ビル・ブライソン
A Short History of Nearly Everything. New York: Broadway Books, 2004.
『人類が知っていることすべての短い歴史』日本放送出版協会（2006）

・フィンセント・イク
The Force of Symmetry. New York: Cambridge University Press, 1995.

・ポ ル・デ ビス
Superforce. New York: Simon & Schuster, 1984.
『宇宙を創る四つの力』地人書館（1988）

・ポール・ディラック
"The Relation between Mathematics and Physics." *Proceedings of the Royal Society (Edinburgh),* vol. 59 (1938-1939): 122-129.

・マーティン・ガードナー
"Order and Surprise." *Philosophy of Science,* vol. 17, no. 1 (1950): 109-117.

・マイケル・ギレン
Five Equations That Changed the World. New York: Little, Brown, 1995.

・マイケル・フレイン
The Human Touch. New York: Metropolitan Books, 2007.

・ユーリ・I・マニン
"Mathematical Knowledge: Internal, Social, and Cultural Aspects." In *Mathematics as Metaphor*. Providence, R.I.: American Mathematical Society, 2007.

・リー・スモーリン
"Never Say Always." *New Scientist,* vol. 191, no. 2570 (2006): 30-35.

- リチャード・ファインマン (1)

  The Feynman Lectures on Physics. Boston: Addison-Wesley, 1964.

  『ファインマン物理学』，岩波書店（1986）

- リチャード・ファインマン (2)

  The Character of Physical Law. London: BBC, 1965.

  『物理法則はいかにして発見されたか』岩波書店（2001）

- ローレンス・M・クラウス (1)

  Fear of Physics. New York: Basic Books, 1993.

  『物理学者はマルがお好き：牛を球とみなして始める，物理学的発想法』早川書房（2004）

- ローレンス・M・クラウス (2)

  The Physics of Star Trek. New York: Basic Books, 1995.

- ロバート・P・クレス

  "The Greatest Equations Ever." *Physics World*, vol. 17, no. 10 (2004): 19-23.

クレジット

NASA : N.A.Sharp, NOAO/NSO/Kitt Peak FTS/AURA/NSF: 79; NASA/Swift/Mary Pat Hrybyk-Keith and John Jones : 264, 114, 222

© Clifford A. Pickover : 344

Shutterstock : © -baltik- : 210　© Alison Achauer : 202　© agsandrew : 25, 27, 29, 36, 50, 60, 61, 88, 103, 110, 118, 120, 121, 127, 130, 152, 156, 180, 182, 184, 187,188, 187, 201, 234, 238, 250, 251, 266, 268, 283, 284, 292, 300, 301, 312, 317, 320‑322, 327, 329, 332, 333, 336, 342, 373　© Alegria : 289　© AlexussK : 24　© Algol : 38, 179　© alicedaniel : 271　© airl : 183　© Manuel Alvarez : 18　© Anemone : 34　© Anikakodyukova : 214　© Anneka : 208　© Matt Antonino : 97　© argo : 192　© Vladimir Arndt : 93　© Rachael Arnott : 117　© ArTDi101 : 168　© Aco : 166　© acharkyu : 270　© Stefan Ataman : 275　© Zvonimir Atletic : 354　© Awe Inspiring Images : 304　© awstock : 243　© B Calkins : 215　© Anton Balazh : 41　© Denis Barbulat : 129　© Marcio Jose Bastos Silva : 149　© Fernando Batista : 334　© Martin Bech : 54　© ben44 : 205　© Tomasz Bidermann : 63　© bluecrayola : 99, 122　© BlueRingMedia : 363　© Boris15 : 340　© Simon Bratt : 248　© Brocreative : 305　© Michael D Brown : 43　© Linda Bucklin : 307　© Boris Bulychev : 80　© bumihills : 87　© Martin Capek : 341　© Vladimir Caplinskij : 58　© carlos castilla : 262© Catmando : 212　© Champiofoto : 94　© chaoss : 379　© Ivan Cholakov Gostock-dot-net : 104　© clawan : 178　© Steve Collender : 220　© Color Symphony : 112　© Perry Correll : 132　© cosma : 170　© jamie cross : 302　© danielo : 311　© Andrea Danti : 21　© Dashu : 229　© Elaine Davis : 22　© dedek : 204　© denniz : 53　© Digital Saint : 86　© diversepixel : 28　© Dja65 : 286　© Dolgopolov : 245, 387　© Dragonfly22 : 92, 124, 177, 199　© edobric : 356　© ErickN : 55　© EtiAmmos : 109　© Everett Collection : 85, 113, 142, 167, 280　© F. ENOT : 362　© Paul Fleet : 364　© Fotocostic : 125, 310　© Markus Gann : 216　© Christos Georgiou : 375　© Stefano Ginella : 278　© Jeff A. Goldberg : 119　© Oleg Golovnev : 173　© Dmitri Gomon : 308　© Jennifer Gottschalk : 143, 175, 325, 348, 365　© GrAl : 145　© Gwoeii : 96, 346　© Jorg Hackemann : 229　© handy : 359　© Angela Harburn : 150　© patrick hoff : 367　© Christopher S. Howeth : 84　© Igor Zh. : 95　© ikonstudios : 91　© imagedb.com : 62　© In-Finity : 372　© Eugene Ivanov : 57, 70, 345　© Jaswe : 40, 56, 169, 218　© Jezper : 267　© Petr Jilek : 233　© Kjersti Joergensen : 217　© JPRichard : 231　© justasc : 223, 288　© Kaetana : 115　© Victoria Kalinina : 353　© Panos Karas : 246　© Kasza : 111　© katalinks : 206　© KeilaNeokow EliVokounova : 46, 154, 171, 195, 227, 297　© Brian Kinney : 337　© Richard Koczur : 159　© koya979 : 160　© Max Krasnov : 253,

▌著者

クリフォード・A・ピックオーバー／Clifford A. Pickover

アメリカのイェール大学で分子生物物理学と生化学の博士号を取得。科学から数学，宗教，芸術，歴史に至るまで幅広い書籍を執筆しており，さまざまな言語に翻訳されている。主な著書に『ビジュアル物理全史』『ビジュアル数学全史』（岩波書店），『数学のおもちゃ箱』（日経BP社）などがある。

▌監訳者

川村康文／かわむら・やすふみ

東京理科大学理学部第一物理学科教授。博士（エネルギー科学）。専門は物理教育・サイエンス・コミュニケーション。高校の物理教師を約20年間務めた後，信州大学教育学部准教授，東京理科大学理学部第一物理学科助教授・准教授を経て，2008年4月より現職。歌う大学教授としてYouTubeチャンネル「川村康文」を開設し，みんなが明るく楽しくなる「ぷち発明」を提唱。監訳書に『図解 教養事典 科学』（ニュートンプレス）がある。

▌訳者

山本常芳子／やまもと・ともこ

翻訳者。同志社大学文学部国文学専攻卒，シェフィールド大学英文学部一年次履修。京都大学人間総合学部にて科目等履修生として日本庭園史を履修。訳書に『数学で考える！ 世界をつくる方程式50』（ニュートンプレス），福永久典『Never Let the Light Fade: Memories of Soma General Hospital in Fukushima』Amazon Kindle英語版，翻訳協力に甲斐扶佐義『猫町さがし』（八文字屋）などがある。

1日1ページ
物理の教養365

2021年8月10日発行

著者	クリフォード・A・ピックオーバー
監訳者	川村康文
訳者	山本常芳子
翻訳協力	Butterfly Brand Consulting
編集	道地恵介，鈴木夕未
表紙デザイン	岩本陽一
発行者	高森康雄
発行所	株式会社 ニュートンプレス
	〒112-0012　東京都文京区大塚 3-11-6

ISBN 978-4-315-52430-7